普通高等教育"十三五"规划教材

工程基础训练(理工类)

李立军　赵新泽　赵亮方　廖湘辉　等　编著

邹　坤　主审

中国水利水电出版社
www.waterpub.com.cn
·北京·

内 容 提 要

本书共分 16 章，"4＋1"个模块，包括手工制作（第 11 章钳工工艺，第 13 章木工模型制作）、机械加工与装配（第 5 章车削加工、第 6 章铣刨磨加工、第 8 章设备拆装、第 9 章焊接、第 10 章材料连接）、强电与弱电控制（第 1 章电机控制、第 3 章电子工艺）、先进制造技术（第 14 章快速成形技术、第 15 章数控加工、第 16 章电火花数控线切割）四个工程基础训练模块，加上与大学生学习、生活息息相关的素质拓展模块（第 2 章住宅布线、第 4 章计算机组装、第 7 章现场急救、第 12 章车辆工程认知），共同构成了以知识学习、能力培养和素质提高为目标的工程基础训练项目体系。

本书可作为高等院校理工类学生开设"工程基础训练"课程的基础教材，也可供高职高专、成人教育等有条件开展工程基础训练实践教学的相关专业选用。

图书在版编目（CIP）数据

工程基础训练．理工类／李立军等编著．—北京：中国水利水电出版社，2017.7（2024.6 重印）.

普通高等教育"十三五"规划教材

ISBN 978-7-5170-5730-7

Ⅰ．①工…　Ⅱ．①李…　Ⅲ．①机械工程－高等学校－教材　Ⅳ．①TH

中国版本图书馆 CIP 数据核字（2017）第 192428 号

书　　名	工程基础训练（理工类） GONGCHENG JICHU XUNLIAN（LIGONG LEI）
作　　者	李立军　赵新泽　赵亮方　廖湘辉　等编著 邹　坤　主审
出版发行	中国水利水电出版社 （北京市海淀区玉渊潭南路 1 号 D 座　100038） 网址：www. waterpub. com. cn E-mail：zhiboshangshu@163.com 电话：（010）62572966-2205/2266/2201（营销中心）
经　　售	北京科水图书销售有限公司 电话：（010）68545874、63202643 全国各地新华书店和相关出版物销售网点
排　　版	北京智博尚书文化传媒有限公司
印　　刷	三河市龙大印装有限公司
规　　格	170mm×240mm　16 开本　19 印张　336 千字
版　　次	2017 年 7 月第 1 版　2024 年 6 月第 8 次印刷
印　　数	29501—32500 册
定　　价	49.00 元

　　随着科学技术的不断发展，社会对人才的需求也在不断发生变化，对学生的要求和培养目标也越来越复杂，同时也对学校的教学提出了新的要求。为了跟上时代的步伐，适应新时期人才的要求，工程训练的实践教学环节逐渐由传统的金工实习向现代工程训练的教学方向转化。学生可以通过现代工程训练接触到网络化、系统化条件下的集成技能训练，使学生不再只是单一地学习技能，还能更多地体会到技能与管理、技能与创新相结合的，对新时代人才的复合要求，为进一步培养学生的工程素质和综合能力打下坚实的心理基础。

　　本书根据多年的工程基础训练教学经验编著而成，面向刚刚迈进大学校门的新生，以简明、通俗的"工程认知"和"实践认知"为主体，采用"虚实结合"的典型案例式教学模式，力求通过"工程基础训练"的教学与实践，使大学生在进入相关专业学习前就掌握一定的工程基础知识，拓展其专业视野。更为重要的是通过工程实践活动，在潜移默化中培养其独立思考、主动沟通的意识以及尊重科学、勇于创新的精神。

　　全书共分16章，"4+1"个模块，包括手工制作（第11章钳工工艺，第13章木工模型制作）、机械加工与装配（第5章车削加工、第6章铣刨磨加工、第8章设备拆装、第9章焊接、第10章材料连接）、强电与弱电控制（第1章电机控制、第3章电子工艺）、先进制造技术（第14章快速成形技术、第15章数控加工、第16章电火花数控线切割）四个工程基础训练模块，加上与大学生学习、生活息息相关的素质拓展模块（第2章住宅布线、第4章计算机组装、第7章现场急救、第12章车辆工程认知），共同构成了以知识学习、能力培养和素质提高为目标的工程基础训练项目体系。

　　本书由三峡大学李立军、赵新泽、赵亮方和廖湘辉共同编著，由邹坤教授主审。参加编写工作的还有常平、周秀梅、艾伟、郭亮、马府均、蔡志勇、罗厚丹、俞华、李东、徐宜强、赵敏、王承卫、朱碧波、宋斌、白广华、谭金铃、刘进贵、周耀权等。在本书的编写过程中，参阅了国内外同行的教材、资料和文献，得到了许多专家和同行的支持与帮助，在此表示衷心的感谢。同时，本书资料整理过程中秦险峰、刘静、魏雅惠、余竹玛和席明龙做了大量工作，也在此一并表示感谢。

为便于阅读和学习，作者精心挑选了部分实训内容录制成视频，并以二维码形式印制于书中，读者通过扫码即可观看视频。希望使读者的学习过程更生动、更直观。

图书资源总码

由于编者水平有限，编著时间较紧张，书中难免有不妥之处，敬请读者多提宝贵意见。

编　者

目录
CONTENTS

前言

第1章　电机控制 ……………………………………………………… 1

1.1　概述 ……………………………………………………………… 1

1.2　电机控制常用设备及电气元件 ………………………………… 2

1.2.1　电动机 ……………………………………………………… 2

1.2.2　自动开关 …………………………………………………… 3

1.2.3　刀开关 ……………………………………………………… 5

1.2.4　按钮 ………………………………………………………… 6

1.2.5　触点 ………………………………………………………… 6

1.2.6　交流接触器 ………………………………………………… 8

1.2.7　熔断器 ……………………………………………………… 9

1.2.8　热继电器 …………………………………………………… 9

1.3　电工常用仪器仪表 ……………………………………………… 10

1.3.1　数字万用表 ………………………………………………… 10

1.3.2　钳形电流表 ………………………………………………… 12

1.3.3　兆欧表 ……………………………………………………… 13

1.4　实训操作 ………………………………………………………… 14

1.4.1　实训台介绍 ………………………………………………… 14

1.4.2　注意事项 …………………………………………………… 15

1.4.3　实训步骤 …………………………………………………… 16

1.4.4　安全操作规程 ……………………………………………… 21

1.4.5　扩展项目 …………………………………………………… 21

第2章　住宅布线 ……………………………………………………… 22

2.1　家庭用电安全知识 ……………………………………………… 22

2.1.1　触电急救 …………………………………………………… 22

2.1.2　家庭安全用电常识 ………………………………………… 23

2.2　电工常用工具及仪表 …………………………………………… 24

2.2.1 螺钉旋具 ……………………………… 24

2.2.2 验电器 ……………………………… 25

2.2.3 钳子 ……………………………… 26

2.3 住宅电气配线 ……………………………… 26

2.3.1 室内电气配线的方式 ……………………………… 26

2.3.2 住宅布线的安装方法及步骤 ……………………………… 26

2.3.3 导线的选择与连接 ……………………………… 28

2.4 住宅配电装置及其安装 ……………………………… 31

2.4.1 低压断路器及其安装 ……………………………… 31

2.4.2 电能表 ……………………………… 32

2.5 住宅照明装置及安装 ……………………………… 33

2.5.1 常见开关类型与安装 ……………………………… 33

2.5.2 常用插座的类型与安装 ……………………………… 34

2.5.3 常见照明灯具及安装 ……………………………… 35

2.6 项目实训 ……………………………… 37

2.6.1 实训准备 ……………………………… 37

2.6.2 实训任务及安装技巧 ……………………………… 39

第3章 电子工艺 ……………………………… 44

3.1 概述 ……………………………… 44

3.1.1 主要元件 ……………………………… 44

3.1.2 电子工艺实训主要工具和材料 ……………………………… 47

3.2 手工焊接技术 ……………………………… 48

3.2.1 焊接准备 ……………………………… 48

3.2.2 手工焊接 ……………………………… 48

3.3 太阳苹果花的实际制作 ……………………………… 50

第4章 计算机组装 ……………………………… 54

4.1 计算机系统的组成 ……………………………… 54

4.1.1 计算机硬件结构 ……………………………… 54

4.1.2 计算机的软件系统 ……………………………… 55

4.2 计算机主机主要硬件的功能 ……………………………… 56

4.2.1 主板 ……………………………… 56

4.2.2 CPU ……………………………… 56

4.2.3 内存 ……………………………… 57

4.2.4 显卡 ……………………………… 57

4.2.5　外部存储器 ……………………………………………… 58

4.3　计算机主机的组装 ……………………………………………… 59

4.3.1　计算机组装使用的工具 ……………………………… 59

4.3.2　计算机主机组装基本操作 …………………………… 60

4.4　计算机操作系统的安装 ………………………………………… 65

4.4.1　BIOS 设置 ……………………………………………… 65

4.4.2　硬盘的分区与格式化 …………………………………… 67

4.4.3　操作系统的安装 ………………………………………… 67

第 5 章　车削加工 ……………………………………………………… 72

5.1　概述 ……………………………………………………………… 72

5.1.1　车削加工的概念 ………………………………………… 72

5.1.2　车削加工的特点 ………………………………………… 72

5.1.3　车削加工的范围 ………………………………………… 73

5.2　车床与车刀的基础知识 ………………………………………… 73

5.2.1　车床的分类 ……………………………………………… 73

5.2.2　车床的型号（以卧式车床为例）……………………… 74

5.2.3　卧式车床的组成及作用 ………………………………… 74

5.2.4　卧式车床的调整及手柄的使用 ………………………… 76

5.2.5　车刀 ……………………………………………………… 76

5.3　车削基本操作 …………………………………………………… 78

5.3.1　车刀与工件的安装 ……………………………………… 78

5.3.2　机床的调整 ……………………………………………… 80

5.3.3　安全生产 ………………………………………………… 80

5.4　车削加工实训——榔头柄加工 ………………………………… 81

5.4.1　加工榔头柄的基本工艺 ………………………………… 81

5.4.2　实际加工操作 …………………………………………… 84

第 6 章　铣刨磨加工 …………………………………………………… 87

6.1　铣削加工 ………………………………………………………… 87

6.1.1　铣削加工概述 …………………………………………… 87

6.1.2　铣床的分类 ……………………………………………… 88

6.1.3　铣床的附件及其应用 …………………………………… 91

6.1.4　齿形加工方法 …………………………………………… 92

6.1.5　铣削实训内容 …………………………………………… 93

6.2　刨削加工 ………………………………………………………… 94

6.2.1 刨削加工概述 ································· 94

6.2.2 牛头刨床 ····································· 95

6.2.3 牛头刨床的传动和调整 ······················· 96

6.2.4 刨削加工方法 ······························· 96

6.2.5 刨削实训内容 ······························· 99

6.3 磨削加工 ·· 101

6.3.1 磨削加工概述 ······························ 101

6.3.2 磨床的分类、结构及工作原理 ··············· 101

6.3.3 砂轮的特性及种类 ························· 104

6.3.4 砂轮的安装、检查与调整 ··················· 107

6.3.5 磨削加工方法 ······························ 107

6.3.6 磨削实训内容 ······························ 109

第7章 现场急救 ······································ 111

7.1 概述 ··· 111

7.1.1 现场急救原则 ······························ 111

7.1.2 报警方式和报警电话 ······················· 112

7.2 火灾逃生自救 ···································· 113

7.2.1 灭火的基本原理和方法 ····················· 113

7.2.2 火灾逃生自救常识 ························· 115

7.3 水灾逃生自救 ···································· 117

7.3.1 洪水的预防 ································ 118

7.4 地震逃生自救 ···································· 120

7.4.1 地震逃生九大要点 ························· 120

7.4.2 学校人员避震 ······························ 122

7.5 徒手心肺复苏 ···································· 122

7.5.1 大学生学习徒手心肺复苏的意义 ············· 122

7.5.2 心肺复苏的简单原理 ······················· 122

7.5.3 徒手心肺复苏的步骤、方法及注意事项 ········ 123

7.5.4 心肺复苏的有效指标 ······················· 129

7.5.5 终止复苏的条件 ··························· 129

第8章 设备拆装 ······································ 131

8.1 概述 ··· 131

8.1.1 装配的基础知识 ··························· 131

8.1.2 保证装配精度的方法 ······················· 133

8.1.3 装配的组织形式 ·· 133

8.1.4 装配环境条件 ··· 134

8.1.5 装配发展趋势 ··· 134

8.2 自行车的拆装 ·· 135

8.2.1 自行车的基本组成 ·· 135

8.2.2 自行车各组成部分的功能 ·································· 135

8.3 项目实训 ··· 139

8.3.1 实训目的与内容 ·· 139

8.3.2 实训步骤 ·· 139

第9章 焊接 ·· 144

9.1 概述 ··· 144

9.1.1 焊接的概念 ·· 144

9.1.2 焊接的分类 ·· 144

9.1.3 焊接的应用和发展 ·· 145

9.2 焊条电弧焊 ··· 145

9.2.1 焊条电弧焊的原理及特点 ·································· 145

9.2.2 焊条电弧焊设备与焊条 ···································· 146

9.2.3 焊条电弧焊焊接工艺 ······································ 149

9.2.4 焊条电弧焊基本操作 ······································ 152

9.2.5 焊接的相关特性 ·· 154

9.2.6 焊条电弧焊安全操作规程 ·································· 155

9.3 焊条电弧焊实训操作 ··· 156

9.3.1 拼接 ·· 156

9.3.2 点固 ·· 156

9.3.3 焊接 ·· 156

9.3.4 焊后清理 ·· 156

第10章 材料连接 ·· 158

10.1 概述 ·· 158

10.2 机械连接 ·· 159

10.2.1 机械连接的分类 ··· 159

10.2.2 机械连接的特点及应用 ··································· 163

10.3 胶接 ·· 163

10.3.1 胶粘剂的概况 ··· 163

10.3.2 胶接工艺 ··· 166

　　　10.3.3　胶接技术的应用举例 ·················· 168

　　　10.3.4　常用胶粘剂 ·············· 168

　　10.4　项目实训 ·············· 172

　　　10.4.1　常用连接工具 ·············· 172

　　　10.4.2　实训过程 ·············· 174

第 11 章　钳工工艺 ·············· 175

　　11.1　概述 ·············· 175

　　　11.1.1　钳工的概念 ·············· 175

　　　11.1.2　钳工的工作特点及工作范围 ·············· 175

　　11.2　钳工的主要设备和常用工量具 ·············· 176

　　　11.2.1　主要设备 ·············· 176

　　　11.2.2　常用工具 ·············· 179

　　　11.2.3　常用量具 ·············· 179

　　11.3　钳工基本操作 ·············· 182

　　　11.3.1　划线 ·············· 182

　　　11.3.2　锯削 ·············· 186

　　　11.3.3　锉削 ·············· 190

　　　11.3.4　钳工钻削 ·············· 197

　　　11.3.5　攻螺纹 ·············· 200

　　11.4　鸭嘴锤制作 ·············· 203

　　　11.4.1　制作工艺流程 ·············· 203

　　　11.4.2　鸭嘴锤制作演示 ·············· 204

第 12 章　车辆工程认知 ·············· 206

　　12.1　概述 ·············· 206

　　12.2　发动机 ·············· 207

　　　12.2.1　汽车发动机基本构成 ·············· 207

　　　12.2.2　发动机的基本术语和工作原理 ·············· 212

　　12.3　底盘 ·············· 214

　　　12.3.1　传动系统 ·············· 214

　　　12.3.2　行驶系统 ·············· 217

　　　12.3.3　转向系统 ·············· 217

　　　12.3.4　制动系统 ·············· 217

　　12.4　车身 ·············· 218

　　12.5　电气设备 ·············· 219

12.6　车辆使用与维护 ··· 220

12.6.1　轮胎更换 ··· 220

12.6.2　行车前的注意事项 ··· 223

第13章　木工模型制作 ··· 226

13.1　概述 ··· 226

13.2　木工模型材料的选择与使用 ······························ 227

13.3　木工模型制作工量具及使用 ······························ 230

13.4　模型制作安全操作规程 ······································ 233

13.5　木工制作实训 ·· 233

13.5.1　材料的选择与尺寸划线 ································· 234

13.5.2　孔明锁制作流程 ·· 234

第14章　快速成形技术 ··· 238

14.1　概述 ··· 238

14.1.1　快速成形的概念 ·· 238

14.1.2　快速成形技术的特点及应用范围 ··················· 238

14.1.3　快速成形技术的原理 ····································· 240

14.1.4　快速成形制造的基本过程 ····························· 240

14.1.5　快速成形技术的发展方向 ····························· 241

14.2　快速成形的典型工艺方法 ··································· 242

14.2.1　熔融沉积成形法（FDM） ····························· 242

14.2.2　选择性激光烧结法（SLS） ·························· 242

14.2.3　光固化法（SLA） ··· 243

14.2.4　分层实体制造法（LOM） ···························· 244

14.2.5　其他成形工艺 ··· 244

14.3　项目实训 ··· 245

14.3.1　实训设备介绍 ··· 245

14.3.2　安全操作注意事项 ··· 245

14.3.3　准备工作 ·· 246

14.3.4　软件功能介绍 ··· 247

14.3.5　3D打印实操 ··· 249

第15章　数控加工 ·· 256

15.1　概述 ··· 256

15.1.1　数控车床的特点 ·· 256

15.1.2　数控铣床的特点 ·· 257

15.2　常用材料、工具与设备 ·················· 258

  15.2.1　卧式数控车床 ·················· 258

  15.2.2　立式数控铣床 ·················· 260

  15.2.3　数控切削刀具 ·················· 261

  15.2.4　车削用量的选择 ·················· 262

  15.2.5　坐标系 ·················· 263

  15.2.6　数控加工工艺 ·················· 264

15.3　基本操作 ·················· 266

  15.3.1　HNC/21T/22T 数控系统编程指令 ·················· 266

  15.3.2　程序编辑 ·················· 268

  15.3.3　模拟仿真 ·················· 269

15.4　项目实训 ·················· 271

  15.4.1　实训内容及要求 ·················· 271

  15.4.2　数控车床加工 ·················· 271

  15.4.3　数控铣床加工 ·················· 272

第16章　电火花数控线切割 ·················· 275

16.1　概述 ·················· 275

  16.1.1　电火花线切割基本原理 ·················· 275

  16.1.2　电火花线切割加工的特点及应用 ·················· 276

  16.1.3　电火花线切割常用的加工设备 ·················· 277

16.2　电火花线切割加工工艺 ·················· 277

  16.2.1　线切割加工工艺 ·················· 277

  16.2.2　电参数的选择及其对加工工艺指标的影响 ·················· 278

16.3　编程方法 ·················· 279

  16.3.1　指令代码 ·················· 279

  16.3.2　编程方法 ·················· 281

16.4　电火花线切割的基本操作 ·················· 282

  16.4.1　绘制直齿圆柱齿轮图形 ·················· 282

  16.4.2　生成加工轨迹 ·················· 284

  16.4.3　生成 G 代码 ·················· 284

  16.4.4　机床加工（以北京迪蒙卡特线切割机床为例） ·················· 286

参考文献 ·················· 288

第1章

电 机 控 制

教学重点与难点

- 三相交流电动机的工作原理
- 电机控制常用设备及电气元件
- 电工常用仪器仪表的测量方法
- 电机控制电路理论与实操相结合且由易到难的操作步骤

1.1 概 述

电机控制是指对电机的启动、加速、运转、减速及停止进行的控制。电机的类型及使用场合不同，控制的要求及目的也不同。对于电动机而言，电机控制的目的是使电机实现快速启动、快速响应、高效率、高转矩输出及具有高过载的能力。

电机控制使用的是三相交流电，它是由三个频率相同、电势振幅相等、相位差互差120°的交流电路组成的。目前世界上电力系统绝大多数属于三相制电路。三相交流电比单相交流电有很多优越性：三相交流电能大大简化电动机的结构，能得到大功率转矩；能省掉零线，降低输电线路成本等。

我国低压供电标准为50Hz、380/220V，而日本及西欧某些国家采用60Hz、110V的供电标准，在使用进口电器设备时要特别注意，电压等级不符会造成电器设备的损坏。

三相交流电依次达到正最大值的顺序称为相序，按A－B－C的秩序循环的相序称为正序，按A－C－B的次序循环的相序称为负序。相序是由发电机转子的旋转方向决定的，通常都采用正序。在连接三相交流电动机时，必须考虑相序的问题，任意更换相序会使电动机反转，引发重大事故。

为了防止接线错误，通常用三种颜色来区别三相：A相为黄色，B相为绿色，C 相为红色。蓝色为零线，黄绿相间的双色线为接地线。

三相有以下几种表示法：A、B、C；L1、L2、L3；U、V、W；X、Y、Z。

1.2　电机控制常用设备及电气元件

■ 1.2.1　电动机

电动机又称为马达或电动马达，是一种将电能转化成机械能，再使机械能产生动能，用来驱动其他装置的电气设备。大部分的电动机通过磁场和绕组电流产生能量。

1. 电动机的优点

1）电动机能提供的功率范围很大，从毫瓦级到数万千瓦级。

2）电动机的使用和控制非常方便，具有自启动、加速、制动、反转、掣住等能力，能满足各种运行要求。

3）电动机的工作效率较高，又没有烟尘、气味，不污染环境，噪声也较小。

4）结构简单牢固，除了两个轴承外，其他部件永不磨损。

5）价格低廉、运行可靠、维护方便。

2. 三相交流电动机

当电动机的三相定子绕组通入三相对称交流电后，将产生一个旋转磁场，该旋转磁场切割转子绕组，从而在转子绕组中产生感应电流（转子绕组是闭合通路），载流的转子导体在定子旋转磁场的作用下将产生电磁力，从而在电动机转轴上形成电磁转矩，驱动电动机旋转，并且电动机旋转方向与旋转磁场方向相同。三相交流电动机及其分解图如图 1-1 ~ 图 1-2 所示。

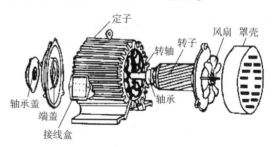

图 1-1　三相交流电动机　　　　图 1-2　三相交流电动机分解图

三相交流电动机的接法如图 1-3 和图 1-4 所示。

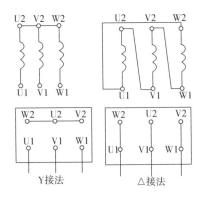

图 1-3　三相交流电动机的 Y 接法与 △ 接法

图 1-4　三相交流电动机 Y 连接与 △ 连接的电机接线盒

▌1.2.2　自动开关

图 1-5 所示的自动开关又称低压断路器，符号为 QF，它使用空气来熄灭电弧，也称空气开关。自动开关是一种既有手动开关作用，又能自动进行失压、过载和短路保护的电器，而且在分断故障电流后一般不需要变更零部件，已在生产、生活中获得了广泛的应用。

图 1-5　自动开关

自动开关的结构如图 1-6 所示。

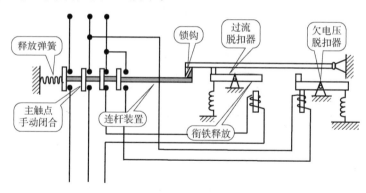

图 1-6　自动开关内部结构示意图

断路器的自由脱扣：断路器在合闸过程中的任何时刻，若是保护动作接通跳闸回路，断路器完全能可靠地断开，这就叫自由脱扣。带有自由脱扣的断路器，可以保证断路器在合闸短路故障时，能迅速断开，可以避免扩大事故的范围。

过电流脱扣器：当线路发生短路或严重过载电流时，短路电流超过瞬时脱扣整定电流值，电磁脱扣器产生足够大的吸力，将衔铁吸合并撞击杠杆，使搭钩绕转轴座向上转动与锁扣脱开，锁扣在释放弹簧的作用下将三副主触点分断，切断电源。

热脱扣器：当线路发生一般性过载时，过载电流虽不能使电磁脱扣器动作，但能使热元件产生一定热量，促使双金属片受热向上弯曲，推动杠杆使搭钩与锁扣脱开，将主触点分断，切断电源。

欠电压脱扣器：当电源电压下降到额定工作电压的 70% 以下时，欠电压脱扣器动作，断开断路器切断电源，防止电器因电压过低而损坏。如果电压过低，将造成电动机出力不足，带不动负载而停止转动，这种现象称为堵转。堵转时电动机的电流反而会增大十几倍，会很快烧毁电动机。装有欠电压脱扣器的断路器在停电以后会自动断开，在来电时必须人工合闸，这是为了防止停电后又来电时设备突然启动造成事故。

当开关自动跳闸后，要认真检查故障原因，查找故障点，只有当故障完全排除后才能重新合闸。如果故障没有切除就盲目合闸，可以会引发更严重的事故。当开关自动跳闸后，操作手柄往往还在合闸位置（向上），此时应先将操作手柄扳动到分闸位置，然后才能重新合闸。

图 1-7 所示为带漏电保护功能的断路器及其结构示意图，它的作用包括：①可在发生触电事故或设备漏电时自动跳闸切断电源。②当电气设备发生短路或过载时自动跳闸切断电源。

单相2P漏电保护断路器

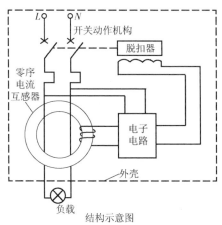
结构示意图

图 1-7　漏电保护断路器及其结构示意图

漏电保护断路器的工作原理是：检测火线和零线中的电流差，正常情况下火线和零线的电流总是相等的。在发生触电事故或设备漏电时，一部分电流经人体或设备外壳流入大地，使火线和零线的电流不再相等，当这个差值大于 30mA 时，断路器跳闸。所有的漏电保护断路器都有一个试验按钮——T（test）按钮，它用一个电阻模拟人体的触电电流。当按下此按钮时，漏电保护断路器应能立即跳闸。一般情况要每月测试一次，以检验漏电保护断路器的完好性。当漏电保护断路器动作后，必须先按下复位按钮，才能再次合上漏电保护自动开关。

正确合理地选择漏电保护断路器的额定漏电动作电流非常重要：一方面在发生触电或泄漏电流超过允许值时，漏电保护断路器能可靠动作；另一方面，由于供电线路总有一定的漏电流，漏电保护断路器在正常泄漏电流作用下不应动作，防止供电中断而造成不必要的经济损失。

特别需要注意的是：漏电保护断路器只在发生人体连接火线和大地的触电事故时才起作用。如果人体对地绝缘，此时触及一根火线和一根零线，或触及两根火线时，漏电保护断路器就不能起到保护作用。

■ 1.2.3　刀开关

刀开关又称刀式开关，符号为 QS，带有动触头（闸刀），并通过它与底座上的静触头（刀夹座）相楔合（或分离），以接通（或分断）电路。刀开关有明确的断点，我们用肉眼就可以清楚地看到它是处于分离状态还是连通状态，因此刀开关不能有灭弧装置。为防止弧光短路，刀开关严禁带负荷操作。刀开关在电路中通常用作隔离开关，它能可靠地隔离电源，确保接线安全。刀开关的外观和电气符号如图 1-8 所示。

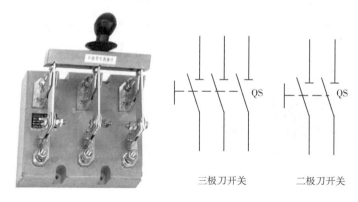

三极刀开关　　　二极刀开关

图 1-8　刀开关的外观和电气符号

1.2.4　按钮

　　按钮是一种手按下即动作、手释放即复位的短时接通的小电流开关电器。一般情况下它不直接操纵主电路的通断,而是在控制电路中发出指令,通过接触器、继电器等电器控制主电路。图 1-9 及图 1-10 分别为控制按钮及其结构示意图。

图 1-9　控制按钮

1.2.5　触点

　　一般的按钮、行程开关、接触器等有两种触点:常开触点和常闭触点。在没有按下按钮,或者接触器线圈没有通电时,没有接通保持断开状态的触点是常开触点。反之保持闭合接通状态的触点是常闭触点。一旦按下按钮或接触器线圈通电时,则刚才的常开变为常闭,刚才的常闭变为常开,一旦松开按钮或接触器线圈断电时,则又都恢复原状。图 1-11 所示为电气触点。

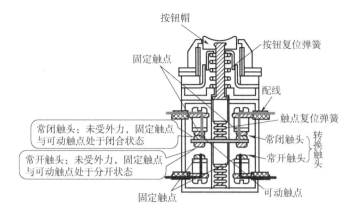

常闭触头：未受外力，固定触点
与可动触点处于闭合状态

常开触头：未受外力，固定触点
与可动触点处于分开状态

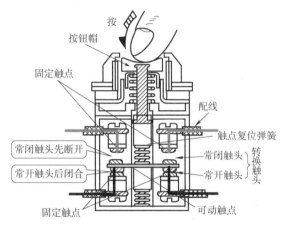

常闭触头先断开

常开触头后闭合

图 1-10　控制按钮结构示意图

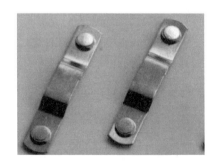

图 1-11　电气触点

　　触点的功能不只是接通电路，而是在需要时能断开电路。由于线路总存在电感，而电感中的电流是不能突变的，所以触点断开时总会产生电弧，而电弧的高温会烧坏触点，如果电流过大，电弧太强，就要考虑采取措施灭弧，否则不仅电路不能断开，还可能引发短路，甚至爆炸。

开关电器在接通电路时，在触点闭合的过程中也会产生电弧，此时触点闭合后会在电弧的作用下焊在一起，再也分不开了，这种现象叫熔焊。

触点用于接通和分断电路，这种操作是不断重复的，而且通断的速度要快，否则电弧产生的危害会更大，所以触点要有一定的机械强度，在多次操作后不能发生形变。

在工业生产中大量使用三相电时，三相电路必须同时接通或断开，否则缺相时会烧毁电机等设备。

我们要求触点的接触电阻要小，不易氧化，耐高温。一般用优质的铜材料做触点，要求更高的用银，在军工航空航天等关键地方要采用金，当然也大量采用这几种材料的合金，或在表面镶金银以降低成本。

接通和断开电路需要触点，但也不是一定要机械的触点。随着半导体技术的发展，可由受控的半导体材料做成无触点开关，如我们常见的声光控的路灯就是一例。

■ 1.2.6　交流接触器

交流接触器广泛用于电动机等负荷的频繁通断控制，它的符号为 KM，电气图形如图 1-12 所示。它利用主触点来开闭电路，用辅助触点来执行控制指令。主触点一般只有常开触点，而辅助触点常有两对具有常开和常闭功能的触点。交流接触器的触点，由银钨合金制成，具有良好的导电性和耐高温烧蚀性。图 1-13 所示为交流接触器的实物图。

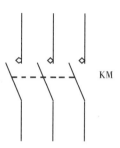

图 1-12　交流接触器
电气图形与符号

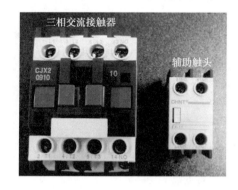

图 1-13　交流接触器

接触器的工作原理：当电磁线圈通电后，产生电磁吸力，克服弹簧的弹力使可动铁心吸合，带动主触点动作闭合，同时辅助常闭触点动作分开，辅助常开触点闭合；当线圈失电后，电磁铁失磁，电磁吸力消失，在弹簧的作用下使各触点复位，主触点恢复断开，辅助触点也恢复原状。触点系统：包括用于接通、切断主电路的大电流容量的主触点和用于控制电路的小电流容量的辅助触点；主触点控制电机等负载的开断，辅助触点的功能为实现主回路的自锁、互锁等功能，线圈通电控制接触器中间磁铁的通断电，实现主回路的通断。交流接触器与直流接触器的区别也在于线圈通电的是直流还是交流。灭弧装置用于迅速切断主触点断开时产生的电弧，以免使主触点烧毛、熔焊；对于容量较大的交流接触器，常采用灭弧栅灭弧。

■1.2.7　熔断器

熔断器俗称保险，符号为 FU，如图 1-14 所示。它是低压电路及电动机控制线路中最简单的过载和短路保护电器。熔断器内装有一个低熔点的熔体，它串联在电路中，正常工作时它相当于导体，保证电路接通。当电路发生过载或短路时，熔体熔断，电路随之断开，从而保护了线路和设备。

图 1-14　熔断器电气符号

熔体都有额定电流和熔断电流两个参数，额定电流是指长时间通过熔体而不熔断的电流值，当通过熔体的电流为额定电流的两倍时，熔体应在 30 ~ 40s 后熔断，当达到 6 ~ 10 倍时，熔体应在瞬间熔断。熔断电流是指可使熔体熔断的电流，一般为额定电流的 1.2 倍。

■1.2.8　热继电器

热继电器是由流入热元件的电流产生热量，使有不同膨胀系数的双金属片发生弯曲，当形变达到一定距离时，就推动连杆动作，使控制电路断开，从而使接触器失电，主电路断开，实现电动机的保护。

电动机在运行过程中，如果长期过载、频繁启动、欠电压运行或短相运行时都可能使电动机的电流超过它的额定值。如果电流超过不大，熔断器在这种情况下不会熔断，这样会引起电动机过热，损坏电动机绕组的绝缘，缩短电动机使用寿命，严重时甚至烧坏电机，因此必须用热继电器来对电动机进行过载保护。图 1-15 ~ 图 1-16 分别为热继电器的电气图形及实物图。

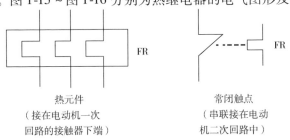

热元件
（接在电动机一次回路的接触器下端）

常闭触点
（串联接在电动机二次回路中）

图 1-15　热继电器电气图形与符号

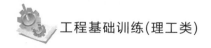

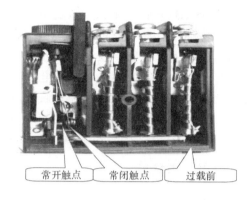

图 1-16　热继电器实物

使用热继电器对电动机进行过载保护时，将热元件与电动机的定子绕组串联，将热继电器的常闭触点串联在交流接触器的电磁线圈的控制电路中，并调节整定电流调节旋钮，使人字形拨杆与推杆相距一适当距离。当电动机正常工作时，通过热元件的电流即为电动机的额定电流，热元件发热，双金属片受热后弯曲，使推杆刚好与人字形拨杆接触，而又不能推动人字形拨杆。常闭触点处于闭合状态，交流接触器保持吸合，电动机正常运行。

若电动机出现过载情况，绕组中电流增大，通过热继电器元件中的电流增大，使双金属片温度升得更高，弯曲程度加大，推动人字形拨杆，人字形拨杆推动常闭触点，使触点断开而断开交流接触器线圈电路，使接触器释放、切断电动机的电源，电动机停转而得到保护。图 1-17 所示为热继电器结构原理图。

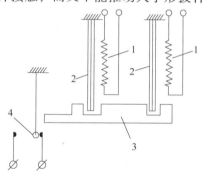

图 1-17　热继电器结构原理图
1—热元件；2—双金属片；3—导板；4—触点

1.3　电工常用仪器仪表

■ 1.3.1　数字万用表

1. 操作面板

数字万用表的操作面板如图 1-18 所示。

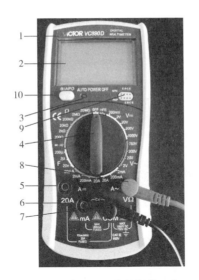

图 1-18　数字万用表的操作面板

1—型号栏；2—液晶显示器；显示仪表测量的数量；3—发光二极管：通、断检测时报警用；4—旋钮开关：用来改变测量功能、量程以及控制开关机；5—20A 电流测试插座；6—电容、温度测试附件"－"极及小于 200mA 电流测试插座；7—电容、温度测试附件"＋"；8—电压、电阻、二极管"＋"极插座；9—晶体管测试座"测试晶体"管输入口；10—背光灯/自动关机开关

2. 交流电压测量

交流电压的测量步骤如下：

1）将黑表笔插入 COM 插座，红表笔插入 V/Ω 插座。

2）根据测量电压的大小将量程开关转至 ACV，即 V～交流电压档相应量程档位上。

3）将表笔跨接在被测电路两端，例如测 380V 电压就将两只表笔分别接触任意两相火线，测 220V 电压将两只表笔分别接触一相火线和零线。

3. 交流电流测量

交流电流的测量步骤如下：

1）将黑表笔插入 COM 插座，红表笔插入 mA 插座或插入 20A 插座中（根据测量电流的大小）。

2）将量程开关转至 ACA，即 A～交流电流档相应量程档位上，然后将两只表笔串联接入被测电路中。

4. 直流电压测量

直流电压的测量步骤如下：

1）将黑表笔插入 COM 插座，红表笔插入 V/Ω 插座。

2）将量程开关转至 DCV，即 V—直流电压档相应量程档位上，然后将两只表笔跨接在被测电路两端，仪表即可显示被测电压，并且同时显示红表笔所接极性。

5. 直流电流测量

直流电流的测量步骤如下：

1）将黑表笔插入 COM 插座，红表笔插入 mA 插座或插入 20A 插座中（根据测量电流的大小）。

2）将量程开关转至 DCA，即 A—直流电流档相应量程档位上，然后将两只表笔串联接入被测电路中，仪表即可显示被测电流，并且同时显示红表笔所接极性。

6. 电阻测量

电阻的测量步骤如下：

1）将黑表笔插入 COM 插座，红表笔插入 V/Ω 插座。

2）将量程开关转至 Ω 档相应量程档位上，如屏幕显示"1"，表明已超过量程范围，须将量程开关转至较高档位。在测量电阻时，应注意一定不要带电测量。

■ 1.3.2 钳形电流表

1. 操作面板

钳形电流表的操作面板如图 1-19 所示。

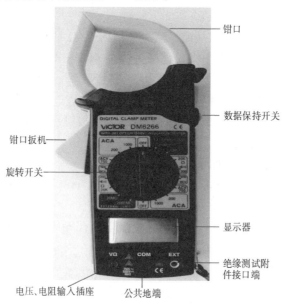

图 1-19　钳形电流表的操作面板

2. 交、直流电压测量及电阻测量

测量方法与数字万用表的测量方法相同。

3. 交流电流测量

交流电流的测量步骤如下：

1）将旋转开关转至相应量程档位上。

2）按动钳口扳机，打开钳口，将被测电路的单根导线置于钳口的中央，再松开钳口扳机，使两钳口表面紧紧贴合。

3）将表拿平拿稳，屏显数值即为测得的电流值。

4）测量完毕，张开钳口退出所测导线，将旋转开关转至关闭档。

5）如无法估测被测对象数值，应从最大量程开始，逐渐变换。

6）被测电流过小时，为了得到准确读数，在情况允许的情况下可将被测单根导线多绕几圈后放入钳口，实际电流值为屏显读数除以所绕圈数。

7）严禁在测量状态时转动量程开关。

8）每次测量只能将单根导线放入钳口中央。

1.3.3 兆欧表

1. 测量前

测量前应注意：

1）应正确选用兆欧表的量程，使兆欧表的额定电压与被测电气设备的额定电压相适应，额定电压 500V 及以下的电气设备一般选用 500～1000V 的兆欧表。

2）测量前须切断被测设备的电源，并接地短路放电，严禁带电测绝缘。

3）将兆欧表开路，摇动摇柄至额定转速（120r/min），指针应指向无穷大位，再将 L 、E 两个接线柱用表笔短接，慢慢摇动摇柄，指针应指在零位。

2. 测量

使用兆欧表的测量步骤如下：

1）将被测设备的火线接于 L 接线柱，将设备接地端或金属机壳与接地接线柱 E 相连接。

2）测量绝缘电阻时，一般只用"L"和"E"端，但在测量电缆对地的绝缘电阻或被测设备的漏电流较严重时，就要使用"G"端，并将"G"端接屏蔽层或外壳。

3）线路接好后，可按顺时针方向转动摇柄，摇动的速度应由慢变快，当转速达到 120r/min 左右时，保持匀速转动，1min 后读数，并且要边摇边读数，不能停下来读数。若指针指向接近无穷大，说明被测设备绝缘良好；若指针指向零位，就不要再继续摇动摇柄了，说明被测设备绝缘损坏，有短路现象。

3. 测量后

测量完毕后应注意放电,具体如下:

1)拆线放电:测试完毕应先将"L"端接线断开后,再将手摇式兆欧表慢摇至停止,以防止电气设备向摇表反充电,导致摇表损坏。

2)将被测设备放电:方法是将测量时使用的地线从摇表上取下来,与被测设备短接一下即可,测试过程中两手严禁同时接触两根线。手摇式兆欧表如图1-20所示。

接地接线柱 E

保护环接线柱G

线路接线柱L

发电机摇柄

图1-20 手摇式兆欧表(俗称摇表)

1.4 实 训 操 作

■ 1.4.1 实训台介绍

1. 电源区

电源区是实训台最上方的一排设备,包括电源及保护设备,由带电指示灯、三相漏电保护器、接线端子三部分组成。电源区最左侧单独的绿色信号灯亮时,表示三相漏电保护器上端已带电。电源区中部黄绿红三色信号灯亮时,表示三相漏电保护器下端和接线端子及其所接电气元件和电气设备均已带电,不允许接触接线端子和任何裸露的金属导体,更不允许进行改接线的操作。

2. 实训区

实训台中间的木质部分是实训区,用来固定安装实训对象,如接触器、按钮、实训用的自动开关等。电动机直接摆放在地面上。

图1-21所示为实训台与电源区布置图。

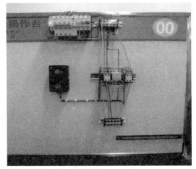

图 1-21　实训台与电源区布置

3. 工具区

实训台下部右侧有一红色条状磁性工具架,工具使用完后要整齐地摆放在工具架上。

1.4.2　注意事项

1. 安全原则

不能证明无电时,就认为有电。上操作台第一件事就是验电,所有改接线操作必须在断电状态下进行。

2. 停电操作顺序

停电操作顺序如下:

1)断开实训台上部的三相漏电保护器开关。

2)确认实训区三色电源带电指示灯已熄灭。

3)检查设备确已无电:试电笔测试应不发光;漏电保护器开关应已拉下;三色带电指示灯应熄灭。

3. 通电操作顺序

通电操作顺序如下:

1)检查接线是否正确牢固。

2)清理现场。

3)报请老师同意。

4)合上实训台上部三相漏电保护器开关。

5)确认实训区电源三色带电指示灯已点亮。

6)观察设备运行情况,如异常,立即断开三相漏电保护器开关。

4. 布线

布线要尽量做到横平竖直,正确选用导线颜色便于识别三相。不要随意剪断导线,要尽量选用长短正好合适的导线,以节省材料。绝缘剥离不能损伤线芯,剥离长度要合适。需要分支连接的导线要在电气设备的接线端子上进行,一个接线端子最多可接两根导线。

5. 验收

线路连接完毕后，将多余导线整理回收，工具摆放整齐，垃圾清理干净。检查电路连接是否正确、牢固，确认无误后向老师申请通电，在老师的监视下测试各个设备的工作状况并登记成绩。

实例演示

接线操作1　　接线操作2　　接线操作3　　上电运行　　切断总闸　　断开控制电路
　　　　　　　　　　　　　　　　　　　　　　　　　　　　　　　　　　　　开关

■ 1.4.3　实训步骤

1. 教学及演示（60min）

电机控制基本知识讲解，实训台介绍，实物操作演示，安全规程教育。

2. 学生实训（180min）

1）停电操作：按停电操作顺序操作。

2）拆解：拆解上次学生安装完毕的线路，拆解完毕报请老师检查登记。

3）定位：在实训区描出各设备的安装位置，定位要合理、美观、留有接线空隙，便于接线和控制操作，同时要考虑便于控制电路扩展。

4）直接控制：这是电动机最简单的控制方法，直接用自动开关接通三相电源。一般用于不需要频繁启动的小功率电动机。直接控制操作步骤如下：

①在实训区安装一个三相自动开关。按图1-22的方式接线。

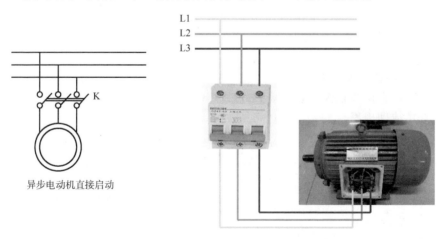

图1-22　异步电动机的直接控制

②从电源区的三相隔离刀闸上引来电源到三相自动开关上端，下端引到电动机，电动机星形（丫）联结。

③合闸送电。

④观察电动机旋转方向，若电动机只有嗡嗡声音而不转，应立即切断电源，检查是否缺相。

⑤停电。

5）改变电动机旋转方向：调换三相电动机电源线中的任意两根线，就改变了相序，也就改变了电动机中由三相电源产生的旋转磁场的旋转方向，从而改变了电动机的旋转方向。操作步骤如下：

①停电。

②在实训区或电动机接线盒中调换三根电源线中的任意两根。

③合闸送电。

④观察电动机旋转方向，若电动机只有嗡嗡声音而不转，应立即切断电源，检查是否缺相。

⑤停电。

6）电机启停控制：当电机功率较大或需要频繁启动时，应采用接触器来启停电机。当手离开按钮时电机就停止，称为点动。如果想要使得当手离开启动按钮时电机能持续运行（称为长动），就必须加入自锁触点，像这种利用接触器自身辅助常开触点的闭合而使接触器线圈保持通电的现象就称为自锁。图 1-23 所示为电机带自锁触点的启停控制电路实物连接图，图 1-24 所示为电机带自锁触点的启停控制电路原理图，图 1-25 所示为电机带自锁触点的启停控制电路工作流程。启停控制的操作步骤如下：

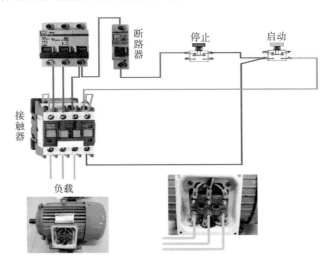

图 1-23　电机带自锁触点的启停控制电路实物连接图

①停电。

②按图1-24接线。

③合闸送电。

④按下启动按钮，观察电机运动。

⑤松开启动按钮，观察电机运动。

⑥按下停止按钮，观察电机运动。

⑦停电。

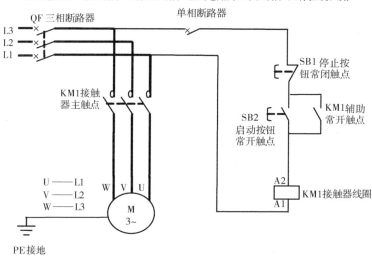

图1-24 电机带自锁触点的启停控制电路原理图

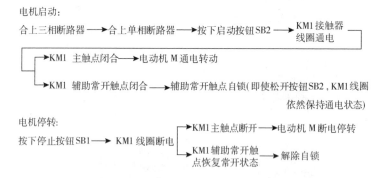

图1-25 电机带自锁触点的启停控制电路工作流程

7）电机正反转控制：当电机需要有正反转两种运动时，可用两个接触器分别接通正转和反转回路，但一定不能同时接通，否则就会短路，因此在控制回路中要加入互锁触点，像这种利用自身辅助常闭触点来控制对方接触器

的动作，达到避免两台接触器同时闭合造成短路故障的现象称为互锁。图1-26
所示为电机带自锁与互锁触点的正反转控制电路实物连接图，图 1-27 所示为
电机带自锁与互锁触点的正反转控制电路原理图，图 1-28 所示为电机正反转
的电路工作流程，图 1-29 所示为电机带热继电器过载保护与熔断器短路保护
的正反转控制电路原理图。正反转控制操作步骤如下：

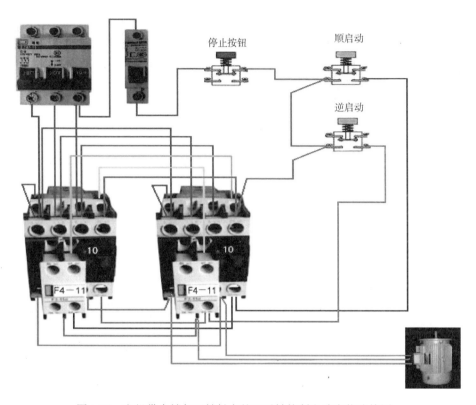

图 1-26　电机带自锁与互锁触点的正反转控制电路实物连接图

①停电。

②按图 1-27 接线，在电机启停控制电路基础上增加反相旋转接触器和反
相启动按钮。

③合闸送电。

④按下正转启动按钮，观察电机运动。

⑤按下停止按钮，观察电机运动。

⑥按下反转启动按钮，观察电机运动。

⑦按下停止按钮，观察电机运动。

⑧停电。

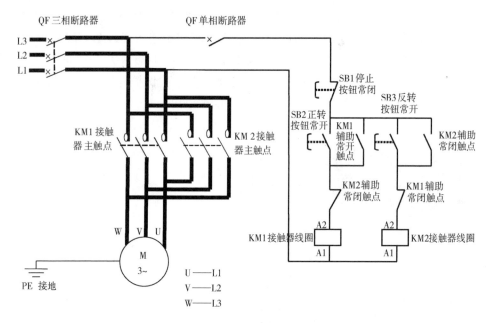

图 1-27　电机带自锁与互锁触点的正反转控制电路原理图

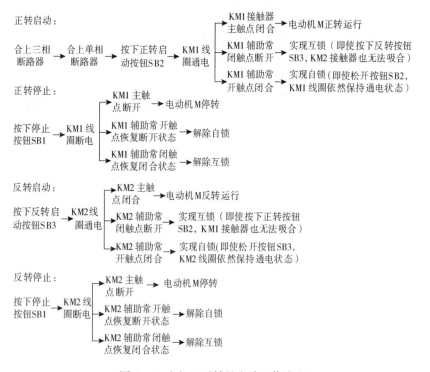

图 1-28　电机正反转的电路工作流程

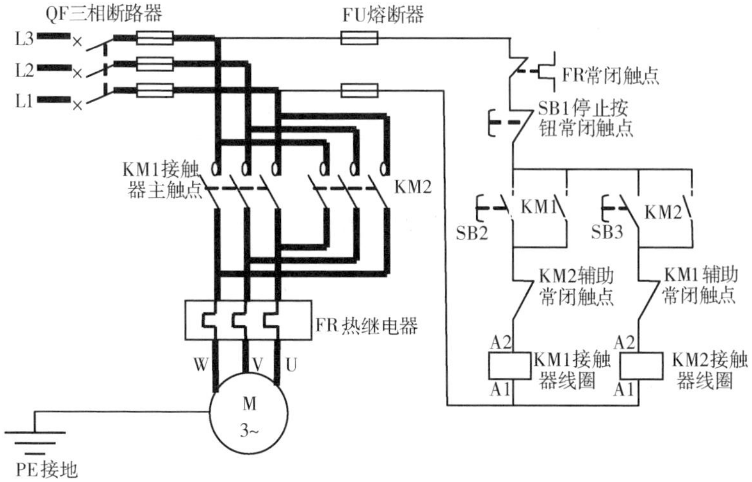

粗线电路为一次回路，又称主回路，细线电路为二次回路，又称控制回路

图 1-29 电机带热继电器过载保护与熔断器短路保护的正反转控制电路原理图

1.4.4 安全操作规程

安全操作规程如下：

1）不能证明无电就认为是有电。

2）在合闸状态或出线侧三色电源指示灯亮时，严禁接线。

3）合闸送电前必须报告老师过来检查，严禁在老师不在场的情况下私自合闸。

1.4.5 扩展项目

完成课程内任务后，可选择完成以下训练项目：

1）用万用表测线电压（即任意两相火线之间的电压）和相电压（即火线和零线之间的电压）。

2）用钳形表测电流，检查电机运转时的三相电流是否平衡。

（3）用兆欧表测电机绝缘阻值。

思考题

1. 380V 交流电与 220V 交流电有什么区别？

2. 试述三相交流电动机的转动原理。

3. 在图 1-24 中主回路包括哪些元件？控制回路包括哪些元件？

4. 热继电器在电机控制中有什么作用？

第 2 章

住 宅 布 线

▌教学重点与难点

- 电工常用工具的使用
- 单联双控开关的安装
- 插座、荧光灯等家用电器的安装
- 基本家庭电路原理的理解

2.1 家庭用电安全知识

▌2.1.1 触电急救

1. 触电机理

人体组织60%以上由含有电解质的水分组成，因此人体是导体。在干燥的情况下，人体皮肤电阻较大，如果皮肤潮湿或表皮破损，则人体电阻能下降到800Ω左右。不同的人对电流的耐受能力不同。一般而言，能让人感觉到的最小电流称为感知电流，交流约为1mA；人触电后能自己摆脱电源的电流只有10mA；超过10mA时人体迅速麻痹，呼吸困难，不能自主摆脱电极；50mA时心房开始振颤，可使人致命，因此致命电流为50mA。一只40W的灯泡正常工作时流过的电流为180mA，足可以同时电死3个人。

因为人体电阻最小时为800Ω左右，而致命电流为50mA，因此人能承受的极限电压为40V，而国家规定的安全电压为36V，漏电保护开关的动作电流设定为30mA。

2. 触电急救的意义

触电急救不同于一般意义上的病人急救。许多危重病人需要急救，往往是因为脏器严重病变，危及生命。这些病人即使一时抢救过来，但病变仍可能存在。而触电者不一样，他们是健康的人，只是因为电击临时停止呼吸和心跳，只要及时施救，使他们恢复呼吸和心跳，他们就仍然是一个健康的人。如果施救动作迟缓，大脑缺氧时间过长，苏醒后可能形成智力障碍。如果不进行施救，只是被动等待 120 的到来，触电者就极有可能永远醒不过来了。

3. 触电救护措施

发生触电事故时，在保证施救者自身安全的同时，周围人员首先应拉闸断电，设法使触电者迅速脱离电源，然后进行抢救。根据触电者状况，按以下三种情况分别处理：

1）对触电后轻度昏迷或呼吸微弱者，可掐人中等穴位，并送医院救治。

2）对触电后无呼吸但心脏有跳动者，应立即采用口对口人工呼吸；对有呼吸但心脏停止跳动者，则应立刻进行胸外心脏挤压法进行抢救。

3）如触电者心跳和呼吸都已停止，则须同时采取人工呼吸和胸外心脏挤压等措施进行抢救。如呼吸不恢复，人工呼吸至少应坚持 4h。

4. 触电急救的原则

进行触电急救，应坚持迅速、就地、准确、坚持的原则。触电急救必须分秒必争，立即就地迅速用心肺复苏法进行抢救，并坚持不断地进行，同时及早与医疗部门联系，争取医务人员接替救治。在医务人员未接替救治前，不应放弃现场抢救，更不能只根据没有呼吸或脉搏擅自判定伤员死亡，放弃抢救。只有医生有权做出死亡的诊断。

实验研究和统计表明：如果对触电者从触电后 1min 开始救治，则 90% 可以救活；如果从触电后 6min 开始抢救，则仅有 10% 的救活机会；而从触电后 12min 开始抢救，则救活的可能性极小。因此当发现有人触电时，应争分夺秒地进行救治。

■ 2.1.2　家庭安全用电常识

1. 接地与绝缘

家庭用电要注重电器的接地与绝缘，具体如下：

1）要始终保持地线的可靠连接，不允许在地线上装设开关和熔丝。地线和零线不能弄混，宁可不要地线，也不能将零线当地线用，否则当零线因故断开时设备外壳将带电，更易发生触电事故。在断开单相电路时，要切断火线或同时切断火线和零线，不能单独切断零线。

2）绝缘好不一定就不会触电。由于交流电可以通过电容传导，所以一些金属外壳的电器设备，如计算机箱，即使绝缘良好，我们用手触及外壳有时也会有麻手的感觉，用试电笔也能测到电压。对于这类金属外壳的设备，一定要使用三孔插头将外壳接地，而一些塑料外壳的电器，可以用两孔插头。

3）尽量不要带电作业，特别是不要在登高的情况下带电作业，防止高处触电时引起坠落，造成二次伤害。

2. 电器的使用与隐患预防

对家用电器，应做到规范、安全使用，具体如下：

1）使用家用电器时，要用开关来接通和关断电器，不能用拔插插头的方法，拔插插头时产生的电弧容易烧坏插座插头，甚至引起短路故障。而电器上的开关是专为通断电器而设计的，有一定的灭弧能力。

2）一般电气火灾前都有一种前兆，要特别引起重视。电线因过热首先会烧焦绝缘外皮，散发出一种烧胶皮或塑料的难闻气味。此时应首先想到可能是电气方面的原因引起的，应立即拉闸停电，查找气味来源，妥善处理后，才能合闸送电。

3）对家用电器，除电冰箱这类电器外，都要随手关掉电源，尤其是电热类电器，要防止长时间发热造成火灾。特别是在突然停电的情况下，更要及时关闭电热类电器的电源，否则在突然送电后极易引发火灾。

4）从安全的角度考虑，购买电器产品要选用质量有保证的产品。

2.2　电工常用工具及仪表

■2.2.1　螺钉旋具

1. 一字槽与十字槽

螺钉旋具俗称改锥或起子，是一种用来紧固和拆卸螺钉的工具。按头部形状的不同，可将其分为一字槽和十字槽两种。

一字槽螺钉旋具常用的旋杆长度规格有：50mm、100mm、150mm、200mm等，一般电工常备50mm和100mm两种。

十字槽螺钉旋具专供紧固和拆卸十字槽的螺钉，常用的规格有Ⅰ、Ⅱ、Ⅲ、Ⅳ四种。

2. 磁性旋具

磁性旋具按握柄材料的不同可分为木质绝缘柄和塑料绝缘柄。按头部形状的不同，也可分为一字槽和十字槽两种，分别如图2-1a和b所示。金属杆的刀口焊有磁性金属材料，可以吸住待拧紧的螺钉，能准确定位、拧紧，使用很方便，应用比较广泛。

（a）一字槽螺钉旋具　　　　　　　（b）十字槽螺钉旋具

图 2-1　磁性旋具

2.2.2　验电器

验电器是检验导线和电气设备是否带电的一种电工常用检测工具，可分为低压验电器和高压验电器两种。本节主要介绍笔式低压验电器，如图 2-2 所示。

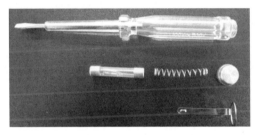

图 2-2　低压验电器

1. 笔式低压验电器使用方法

笔式低压验电器又称测电笔，常用来检验导线、低压导电设备外壳是否带电，检测范围为 60～500V，有笔式、螺钉旋具式和数字式多种。

笔式低压验电器由氖泡、电阻、弹簧、笔身和笔尖等组成。使用时，以手指触及笔尾的金属体，使氖管小窗背光朝自己，如图 2-3 所示。当用低压验电器测带电体时，电流经带电体、电笔、人体、大地形成回路，只要带电体与大地之间的电位差超过 60V，低压验电器中的氖泡就会发光。

图 2-3　低压验电器的正确使用

2. 使用注意事项

使用笔式低压验电器时应注意以下事项：

1）使用验电器前，应先在有电的地方测试，证明验电器确实良好，方可使用。

2）验电器前端应加护套，只露出一小截用来测试。若不加护套，易引起相线之间及相线对地短路。

3）因氖管亮度较低，测电时应避光，以防误判。

4）不可将螺钉旋具式验电器当一般螺钉旋具使用。

2.2.3 钳子

1. 尖嘴钳

尖嘴钳的头部尖细，适用于在狭小空间操作，分为铁柄和绝缘柄两种，绝缘柄的耐压是500V。尖嘴钳主要用于切断细小导线、金属丝；夹持小螺钉、垫圈及导线等；还能将导线断头弯曲成各种形状，其外形如图2-4所示。

2. 剥线钳

剥线钳是剥削小直径导线绝缘层的专用工具，钳口有几个不同直径的切口位置，以适应不同导线的线径要求，其外形如图2-5所示。剥线时，根据导线的线径选择相应的切口。如果线径切口位置选择不合适，可能会造成绝缘层无法剥离或损伤被剥导线的芯线。

图2-4 尖嘴钳　　　　　　　　　　　　　　图2-5 剥线钳

2.3 住宅电气配线

2.3.1 室内电气配线的方式

室内电气配线的方式有很多种，按其在建筑物结构内外敷设分，可分为明敷和暗敷；按其敷设方式的不同可分为瓷夹板配线、鼓形绝缘子配线、槽板配线、线管配线、护套线配线等；按其使用性质的不同可分为照明线路和动力线路。现代家庭装修为了追求美观舒适，一般都会采用暗敷，就是将电线用穿管等方式敷设在墙体里边，看不到电线走向。因此，采用线管配线暗敷时，在所有布线完成之后，切记将整个供电线路以及供水管路拍照存档，日后管线出现故障时可方便修理。

2.3.2 住宅布线的安装方法及步骤

1. 住宅布线的安装方法

现代家庭布线常用的安装做法一般有两种：功能性做法和分组做法。功能性做法就是布线时只要能达到用电目的就可以了，一个三室两厅的房子大概只需要四组线就可以满足。分组做法就是房子的每一个空间的照明和动力都单独走线。家庭装修中，动力主要是指空调、冰箱、洗衣机、浴霸及电热水器等大功率电器。考虑到电路的长久安全有效，建议采用分组做法。一个三室两厅的房子，采用分组做法时，一般至少需要 14 组，见表 2-1。

表 2-1　家装分组布线数

	客厅	主卧	次卧 1	次卧 2	餐厅	厨房	主卫	次卫	共计
照明	1	1	1	1	1	1	1	1	8
动力	1	1	1	1	1	1	—	—	6

2. 住宅布线的安装步骤

（1）划线

首先根据自己对电的用途定位，确定哪里要装开关，哪里要装插座，哪里装灯具，并确定导线的敷设位置。其次应考虑布线的整洁美观，尽可能沿房屋线脚、墙角等处敷设，并与用电设备的进线口对正。

（2）开槽

定位完成后，根据定位和电路走向，开布线槽。线槽要求横平竖直。国标要求不允许开横槽，因为会影响墙的承重能力。

（3）布线

布线一般采用线管暗埋的方式，有冷弯管和 PVC 管两种。冷弯管可以弯曲而不断裂，是布线的最好选择，因为它的转角是有弧度的，日后线路出现问题时可以随时更换电线，而不用拆开墙。

（4）弯管

PVC 线管转弯时要加装弯头。冷弯管可以直接弯曲。为防弯瘪，弯管时要用专门的弯管工具。

3. 住宅布线须遵循的原则

住宅布线须遵循的原则如下：

1）在进户处必须安装嵌墙式住户配电箱。住户配电箱内设置电源总开关，该开关应能同时切断相线和中性线，且有断开标志。

2）布线时，强电和弱电之间应保持 30 ~ 50cm 的距离，且不能穿在同一线管内。

3）穿管布线时，应尽量避免导线接头，因为导线接头不良常常会造成事故，且穿管时所有导线总的截面面积不能超过线管截面面积的 40%。

4）布线时，火线与零线的颜色应不同：同一住宅配线颜色应统一，火线（L）宜用红色，零线（N）宜用蓝色或黄色，保护线（PE）必须用黄绿双色线。

5）安装插座一般应距离地面30cm，开关一般距地面140cm，厨房插座安装高度不低于1.5m，且应全部采用带接地极的三极插座。

6）为使导线有足够的机械强度，照明回路铜导线截面面积为2.5mm^2，空调等大功率家用电器的铜线截面面积应不小于4mm^2。

2.3.3 导线的选择与连接

1. 常用导线

可根据不同的电流、布线需要等选择导线规格。

1）电线的规格：主要是指导线线芯的截面面积，单位是mm^2。常用导线的截面面积有一个标称系列：0.75、1、1.5、2.5、4、6、10、16、25mm^{2}等。家庭装修中使用的电线一般为单股或多股铜芯线。单股铜芯线便宜，容易成形，很容易做到横平竖直，走线整齐美观，常用于配电柜内布线；多股铜芯线柔软，不易折断，常用于穿管布线。只有一层绝缘层的导线称为绝缘导线。将火线和零线分别绝缘，再用一层塑料形成外绝缘，称为护套线。将三根及以上的绝缘导线再用外层绝缘封装在一起，称为电缆。电缆一般用橡皮做绝缘层，其柔韧性好，常用的移动工具要用电缆来供电。

2）导线规格的简单选择：每平方毫米铜芯线大约可流过8A负荷电流。

3）电流的快速计算：三相电机，每千瓦2A；单相220V负载，每千瓦5A。

2. 导线的质量判断

不同导线的质量好坏可从以下几个方面大致判断：

1）看品牌：国标线优等品是（100±0.5）m/卷，非标线有的只有60～75m/卷。

2）试手感：可取一根电线头用手反复弯曲，凡是手感柔软、抗疲劳强度好、塑料或橡胶手感弹性大且电线绝缘体上无裂痕的就是优等品。

3）称重量：质量好的电线，一般都在规定的重量范围内。如常用的1.5m^{2}的塑料绝缘单股铜芯线，一卷为100m，重量应为1.8～1.9kg；质量差的电线重量不足，要么长度不够，要么线芯细、杂质多。

4）看铜质：合格的电线铜芯应该是紫红色，而伪劣的铜芯线为紫黑色、偏黄或偏白，杂质多，且机械强度差、韧性不佳，稍用力即会折断，而且电线内常有断线现象。检查时，把电线一头剥开2cm，然后用一张白纸在铜芯上稍微搓一下，如果白纸上有黑色物质，说明铜芯里杂质比较多。另外，伪劣电线绝缘层看上去似乎很厚实，实际上大多是用再生塑料制成的，使用时间长了，绝缘层会老化而导致漏电。

3. 导线连接

导线连接要求牢固可靠、接头电阻小、机械强度高、耐腐蚀、耐氧化、电气绝缘性能好。图 2-6 ~ 图 2-10 是几种常见的导线连接方法。

双芯或多芯电线电缆的连接：双芯护套线、三芯护套线或电缆、多芯电缆在连接时，应注意尽可能将各芯线的连接点互相错开位置，可以更好地防止线间漏电或短路。

虽然有很多种导线的连接方法，但是最好还是不要留有接头，特别是在一些不便检修的地方，如穿管敷设时的管内，一旦出现故障，检修很困难。

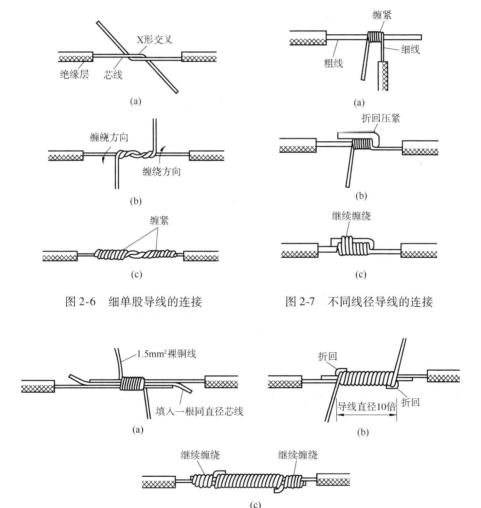

图 2-6　细单股导线的连接

图 2-7　不同线径导线的连接

图 2-8　粗单股导线的连接

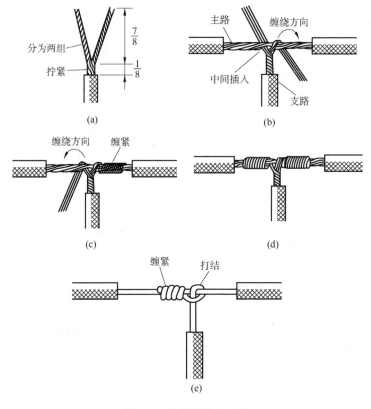

图 2-9　多股导线的连接

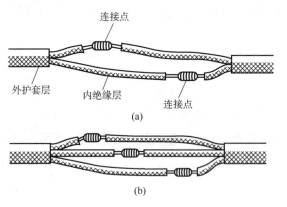

图 2-10　多芯电缆的连接

2.4　住宅配电装置及其安装

■ 2.4.1　低压断路器及其安装

1. 家用断路器

低压断路器俗称自动空气开关,主要用在低压电网中,既可手动、又可电动分断电路,且可对电路或用电设备实现过载、短路和欠电压等保护。断路器上一般都装有灭弧装置,可以保证带负载合闸与分闸的安全。家用断路器通常是指额定电压在 500V 以下,额定电流在 100A 以下的小型低压断路器,其体积小、安装方便、工作可靠,被广泛应用于高层建筑和民用住宅等场合,已逐渐取代开启式负荷开关。

2. 剩余电流断路器

剩余电流断路器也常被称为漏电保护开关,具有断路器和漏电保护的双重功能。在正常条件下接通、承载和分断电流;在规定条件下,在设备漏电时,当剩余电流(漏电流)达到一个规定值时触点断开,迅速断开电路,保护人身和设备的安全。

剩余电流断路器型号繁多,其中常见的 DZ47LE 系列剩余电流断路器由 DZ47 小型断路器和漏电脱扣器瓶装组合而成,适用于交流 50Hz,额定电压至 400V,额定电流至 32A 的线路中,起剩余电流保护的作用。当有人触电或电路泄漏电流超过规定值时,剩余电流断路器能在极短的时间内自动切断电源,保障人身安全和防止设备因为发生泄漏电流造成事故。DZ47LE-32 剩余电流断路器如图 2-11 所示。

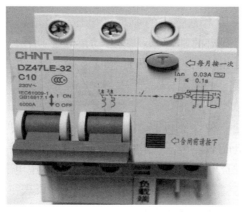

图 2-11　DZ47LE-32 剩余电流断路器

剩余电流断路器仅对负载侧接触火线或带电壳体与大地接触进行保护，对同时接触两火线的触电没有保护作用。剩余电流断路器安装运行后，要求至少每月检测一次其剩余电流保护特性。检测时，按下测验按钮，剩余电流脱扣器若立即动作脱扣，则可确认断路器工作正常。剩余电流断路器因剩余电流动作后，剩余电流指示按钮凸起指示，按下指示按钮后，方可合闸。

■ **2.4.2 电能表**

电能表是用来测量电能的，通常所说的电能表主要是指交流电能表，可分为单相、三相三线及三相四线三种，分别用 DD、DS、DT 表示。普通家庭住宅采用的单相有功电能表主要分为感应式和电子式两类，其外形分别如图 2-12 和图 2-13 所示。

图 2-12　感应式电能表

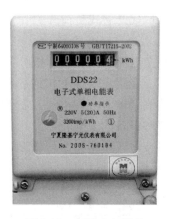

图 2-13　电子式电能表

1. 感应式电能表

感应式电能表采用电磁感应的原理把电压、电流、相位转变为磁力矩，推动铝制圆盘转动，圆盘的轴（蜗杆）带动齿轮驱动计度器的鼓轮转动，转动的过程即是时间量累积的过程，因此感应式电能表的好处就是直观、动态连续、停电不丢数据。

2. 电子式电能表

电子式电能表是一种性能可靠、准确度稳定的常规单用户电能表，正逐步取代机械式感应电能表。电子式电能表由于应用了数字技术，能设计成分时计费电能表、预付费电能表等，进一步满足了科学用电、合理用电的需求。

电能表的测量精度有 0.5 级、1 级、2 级等。1 级表示电能表的误差不超过 ±1%，2 级表示误差不超过 ±2%。

2.5 住宅照明装置及安装

■2.5.1 常见开关类型与安装

1. 普通开关的类型及安装

开关的作用是接通和断开电路照明线路。常见的开关按安装形式的不同可分为明装式和暗装式。明装式有拉线开关、扳把开关等。暗装式多采用平开开关（跷跷板式开关），按其结构的不同分为单联单控开关、单联双控开关、双联双控开关及旋转开关等，其中单联单控开关外形如图 2-14 所示。

图 2-14 单联单控开关

现代家庭装修一般都采用暗装式平开开关，安装时应串联在通往灯头的火线上，不能串接在零线回路上。这样当开关处于断开位置时，灯头及电气设备上不带电，以保证检修和清洁时的人身安全。

2. 声光控延时开关

声光控延时开关是一种内无接触点，在特定环境光线下通过声响效果激发拾音器，进行声电转换，控制用电器的开启，并经过延时后能自动断开电源的节能电子开关。它主要有以下优点：第一，发声启控，即在开关附近用手直接接触以外的其他方式（或吹口哨、喊叫等）发出一定声响，就能立即开启灯光及用电器，简单方便；第二，自动测光，采用光敏控制，该开关在白天或光线强时不会因声响而开启用电器；第三，延时自关，开关一旦受控开启后，延时数十秒后将自动关断，减少不必要的电能浪费，实用方便。声光控延时开关如图 2-15 所示。声光控开关在安装时与普通单联单控开关一样，可串联在白炽灯回路的火线工作。

3. 调光、调速开关

调光、调速开关可用于控制台灯、床头灯与电风扇，外形如图 2-16 所示。调光、调速开关由晶闸管等电子元器件组成，工作原理是控制用电负载的大小，达到调光、调速的目的。安装时要分清火线的进线端和出线端。

图 2-15　声光控延时开关

图 2-16　调光开关

■ 2.5.2　常用插座的类型与安装

插座的作用是为移动式照明电器、家用电器或其他用电设备提供电源。插座有明装插座和暗装插座之分，有单相两孔式、单相三孔式和三相四孔式。生活中，很多人会将三孔插座误认为三相插座，其实，三孔插座只是含有保护地的单相插座。在插座安装时，一定要严格遵守"左零右火、接地在上"的规定。现代家庭中最普及的应该是 86 系列的暗装单相五孔插座，如图 2-17 所示，因为它能比较合理地利用空间资源，且经济实惠。

图 2-17　常见单相插座

在一般电路中，火线、零线构成工作回路，零线上所产生的电压等于零线的电阻乘以工作回路的电流。由于长距离的传输，零线产生的电压不可忽视，如果仍把零线作为保护人身安全的措施，就变得不可靠。特别是当零线因故断开后，所有将零线当保护地线的设备外壳都会带上与火线一样高的电压，会引发严重的触电事故。地线不用于工作回路，平时没有电源流过，只作为保护线。当设备外壳发生漏电时，电流会迅速从附近的重复接地体流入大地。如果仔细观察就会发现，带接地线的插头，接地极都比其他极长一些，这也是依据标准规定来制造的。出于安全考虑，要求接通时接地线先接通，断开时接地线后断开。

2.5.3　常见照明灯具及安装

1. 白炽灯

白炽灯是利用电流的热效应将灯丝加热而发光的。白炽灯的结构简单，使用可靠，价格低廉，安装方便。灯泡主要由灯丝、玻璃壳和灯头三部分组成。灯头分为螺口和插口两种，灯座按与灯头的连接方式不同也分为螺口式和插口式两种。因为螺口式灯头在电接触和散热方面都要比插口式好，所以更为普及。螺口式白炽灯与灯座如图2-18a、b所示。

（a）螺口式白炽灯　　　　　　　　（b）螺口灯座

图2-18　螺口式白炽灯与灯座

2. 节能灯

节能灯是继白炽灯、普通荧光灯之后发展起来的新一代节电光源，具有光色柔和、显色性好、光通量高、无噪声、无频闪以及低压启动性能好等优点。与白炽灯相比，节电高达80%，且使用寿命更长。节能灯主要由灯头、节能电子镇流器和灯管组成，采用螺口或插头灯头与电源相连，安装方式与白炽灯相同。节能灯外形如图2-19所示。

3. 荧光灯

（1）荧光灯的结构及原理

荧光灯也称日光灯，其两端各有一根灯丝，灯管内充有微量的氩气和稀

图 2-19　节能灯

薄的汞蒸气，灯管内壁上涂有荧光粉，工作时需外接辉光启动器（启辉器）和镇流器，整体电路如图 2-20 所示。当开关接通时，电源电压立即通过镇流器和灯管灯丝加到启辉器的两极。220V 的电压立即使启辉器氖泡里的惰性气体电离，产生辉光放电（启辉器的击穿电压为 150V 左右）。辉光放电的热量使双金属片受热膨胀，两极

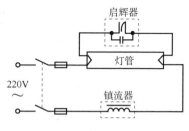

图 2-20　荧光灯电路

接触。电流通过镇流器、启辉器触极和两端灯丝构成通路。灯丝很快被电流加热，发射出大量电子。这时，由于启辉器两极闭合，两极间电压为零，辉光放电消失，氖泡的温度降低；双金属片自动复位，两极断开。在两极断开的瞬间，电路电流突然切断，由于自感现象，镇流器瞬时产生很大的自感电动势，与电源电压叠加后作用于灯管两端。灯丝受热时发射出来的大量电子在灯管两端高电压作用下，以极大的速度由低电势端向高电势端运动。在加速运动的过程中，碰撞管内氩气分子，使之迅速电离，随之汞蒸气也被电离，并发出强烈的紫外线。在紫外线的激发下，管壁内的荧光粉发出近乎白色的可见光。

（2）电子镇流器

为了使日光灯正常工作，必须满足三个条件：灯丝的预热、高电压启动、限制工作电流。普通日光灯不带镇流器，需外接镇流器才能工作。镇流器可以是电感型的，也可以是电子式的。电感镇流器还必须与启辉器配合才能将灯管点亮，而电子镇流器不需启辉器，能即开即亮。

电子镇流器如图 2-21 所示，轻便小巧，甚至可以将电子镇流器与灯管集成在一起，同时，电子镇流器兼具启辉器功能，可省去单独的启辉器。电子镇流器通过提高电流频率或者电流波形（如变成方波）改善可消除日光灯的闪烁现象；电网电压变化对电子镇流器的影响非常小，灯光更加稳定，甚至

可以使用直流电源。电子镇流器自身功耗很低，与电感镇流器相比，节能效果明显。

图 2-21　电子镇流器

2.6　项 目 实 训

▌2.6.1　实训准备

1. 实训面板介绍

住宅布线实训面板如图 2-22 所示。

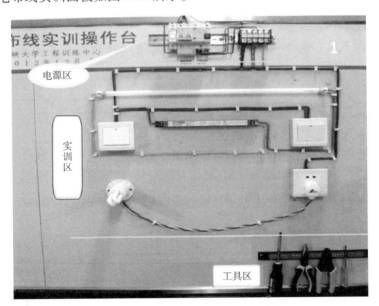

图 2-22　实训面板

（1）电源区

实训台顶端的蓝色区域为电源区，最上面左端一排设备从左到右依次为电源侧电源指示灯（绿色）、漏电保护开关、实训区电源指示灯（红色）；右端黑色的是接线端子排。此排设备是实训台的电源及保护设备，除了从接线端子下端引出电源线和从接地端子上引出接地线以外，其他地方的接线不可触及，更不可改动。接线端子下端的电源引出线也只有当实训区电路都连接完成后，才能连接，类似给炸药安装引爆线的过程。

实训台左侧最上方的绿色信号灯亮时，表示实训台已获得电源。此时短路电流限制器已带电，不允许裸手触碰。

漏电保护开关用来切断电路工作电流和短路电流，并在出现漏电和触电情况时自动断开，是控制和保护的核心。特别需要注意的是：剩余电流断路器只对人体连接火线和大地的触电事故起作用。如果人体对地绝缘，此时触及一根火线和一根零线，或触及两根火线时，剩余电流断路器就不能起到保护作用。

当合上漏电保护开关时，实训台右侧最上方的红色信号灯就会点亮，表示接线端子下端已获得电源，此时整个实训板都已带电，不允许裸手接触任何接线端子，更不允许改接线。

（2）实训区

实训台中间的木质部分用来固定安装实训对象，如日光灯、开关、镇流器和插座等。

（3）工具区

实训台下部右侧有一磁性工具架，工具使用完后要整齐地摆放在工具架上。

2. 连接导线

实训室提供不同颜色、不同长度、规格为 $1.5mm^2$ 的铜芯导线若干。选用导线时，导线颜色须符合以下规定：

1）火线：用英文字母 L（Live）标识，通常是红色或棕色线。

2）零线：用英文字母 N（Nought）标识，通常是蓝色或白色线。

3）地线：用英文字母 PE（Protecting Earthing）标识，使用黄绿相间的多股铜芯线。

3. 实用工具

实训板下方磁性工具条上备有十字螺钉旋具、尖嘴钳、剥线钳、试电笔等电工常用工具，如图 2-22 工具区所示，正确的使用方法参考本章 2.2 所述内容。螺钉旋具主要用于将开关底盒、灯座、镇流器等电子器件固定在实训面板上以及紧固导线，使用时顺时针拧紧、逆时针拧松，并且用力要适当，以防拧坏部件。另外，实训过程中要根据实际情况选用合适的螺钉，图 2-23所示为螺钉的正确选用。

实训采用 $1.5mm^2$ 的铜芯线，使用剥线钳 1.3 切口处剥线芯。剥线时，让导线处于剥线钳的垂直方向，剥出的线芯长度为 1cm 左右。线芯太长会使得裸露在外的部分太多，容易引起触电；线芯太短则容易造成接触不良。线芯

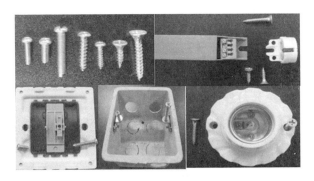

图 2-23　螺钉的正确选用

长时间反复使用后，受损比较严重，为了线路更好地连接，可以使用剥线钳下端自带的剪刀将其剪断，重新剥出新的线芯。

2.6.2　实训任务及安装技巧

1. 安装两只单联双控开关，两地控制一只荧光灯

（1）单联双控开关接线

单联双控开关就是用一对开关控制一个线路上的灯，无论你用哪个开关，都能让灯亮或者熄灭。比如，在下楼时打开开关，到楼上后关闭开关。如果是采取传统的开关，想要把灯关上，就要跑下楼去关。采用双控开关，就可以避免这个麻烦。

双控开关的安装

单联双控开关底板有三个接线柱，如图 2-24 所示。位于开关右侧的接线柱为公共触点，标有"COM"或"L"，用于连接火线或者灯线；位于左侧的上下两个触点用于连接两条控制线（也叫"来回线"），标有"L1/L2"。开关打到上端，公共端 L 与 L1 接通；开关打到下端，公共端 L 与 L2 接通。接线时，先将一个双控开关公共触点 L 连接到火线，再将另一个双控开关的公共触点 L 接到镇流器火线端，然后将两个开关的 L1 和 L2 相互交叉或平行接通，接线电路图如图 2-25 所示。

图 2-24　双控开关面板与底板

（2）荧光灯的安装

实训提供 T5 型荧光灯一只，配套荧光灯座一对。

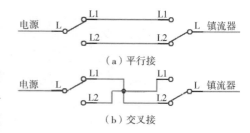

（a）平行接

（b）交叉接

图 2-25　双控开关接线电路图

荧光灯通过配套的荧光灯座固定在实训面板上。荧光灯座上下分别有两排接线端，接线时，在灯座上下两排小孔中各选一个，将剥好线芯的导线捋直，直接插入即可，

荧光灯的安装

随后将导线折向灯座的凹槽，方便用螺钉将其固定在实训台上，如图 2-26 所示。灯座固定后，将荧光灯水平放进灯座的缺口，然后将灯座顺时针旋转大约 90°，以使荧光灯引脚和灯座内的铜片良好接触，如图 2-27 所示。更改接线时，将荧光灯座导线一边旋转一边往外拔，切不可往外硬拽。

图 2-26　荧光灯座的接线

图 2-27　荧光灯的安装

（3）电子镇流器

实训提供 T5 电子镇流器，可根据其提供的接线示意图接线，如图 2-28 所示。电子镇流器右侧上方为镇流器的火线端和零线端，分别标有 L、N，其中火线端应与双工开关 L 端相连，零线端与电源零线端相连。接线端子 1、2、3、4 应分别与荧光灯座相连。

镇流器的安装

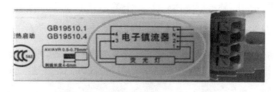

图 2-28　电子镇流器接线示意图

双控开关控制荧光灯接线图如图 2-29 所示。

2. 安装一组插座、插头带一盏白炽灯

（1）安装插头、插座

实训提供单相五孔插座，上端为普通的两孔插座，下端为含有保护接地的三孔插座，如图 2-30 所示。接线时，参照接线柱上面的标

五孔插座的安装

识，严格遵守"左零右火地中央"的规定。

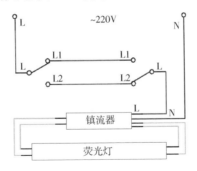

图 2-29　双控开关控制荧光灯接线图

插头的安装

单相插头：接线式，首先拧下插头中间的螺钉，将插头拆成两半，仍按照接线柱的标识，遵循"左零右火、接地在上"的原则，如图 2-31 所示。

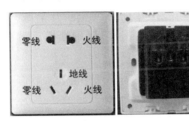

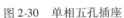

图 2-30　单相五孔插座

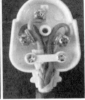

图 2-31　单相三角插头

（2）螺口灯座

实训中的节能灯和白炽灯都通过螺口灯座固定在实训面板上。螺口灯座底端有两个接线柱，火线端和零线端分别与插头相应火线端和零线端相连。电路如图 2-32 所示。

灯座的安装

3．安装调光开关或声光控开关控制一盏白炽灯

调光开关和声光控开关工作原理虽然大不相同，但接线方法类似，可参考图 2-33。

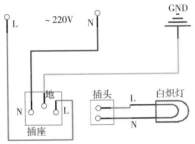

图 2-32　插座插头带白炽灯接线图　　图 2-33　调光（声光控）开关接线图

4. 实训安全注意事项

实训中应严格遵守以下安全注意事项：

1）不能证明无电时，就认为有电。实训前应断开实训台上部的漏电保护开关，确认实训区电源指示灯已熄灭，检查设备确已无电。可以用试电笔测试。

2）固定：将各个电气设备固定在实训区的定位位置，要根据不同的设备选用不同的固定方式，有些设备只需先固定底座。固定要牢固，不能松动。

3）布线要尽量做到横平竖直，导线颜色便于识别火线、零线和地线。不要随意剪断导线，要尽量选用长短正好合适的导线，以节省材料。除非长度不够，导线不要连接加长。需要分支、连接的导线要在电气设备的接线端子上进行，一个接线端子最多可接两根导线。

4）通电操作前检查接线是否正确牢固；清理现场；报请老师同意；合上实训台上部自动开关；确认实训区电源指示灯已点亮；观察设备运行情况，如有异常，立即断开漏电保护开关。所有改接线操作前必须先断开电源开关，确认设备已无电，才可以进行改接线。改接线完成后，要仔细检查，确保接线正确。报请老师检查后才能通电测试。

5. 实训效果展示

实训效果如图 2-34 所示。

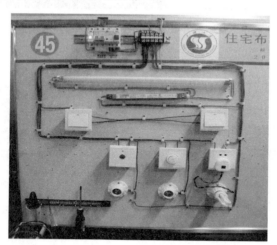

通电测试

图 2-34　实训效果展示图

 **思考题**

1. 电源出来的火线为什么要先经过开关再接用电器？

2. 怎样快速地区分单相插座、插头的火线端和零线端？什么情况下必须用三孔插座、三角插头？

3. 接插座时，如果不小心把零线和地线接反了，会出现什么情况？

4. 什么情况下漏电保护开关会动作？怎样检测漏电保护开关的防漏电功能？

5. 请简述一下试电笔的工作原理，并演示试电笔的正确操作方法。

6. 两地控制一盏灯时，单联双控开关应怎样接线？接错了会出现什么情况？

7. 双控开关控制荧光灯回路安装好后，荧光灯不能正常点亮，可能是哪里出了问题？

第3章

电子工艺

教学重点与难点

- 元件的认知与识别
- 手工焊接技术
- 太阳能苹果花的制作

3.1 概 述

电子工艺实训也称为电子装配工艺实训，其主要目的是通过一个完整的电子产品的组装调试，学习电子产品的生产工艺过程，认识和理解电子工艺的基本内容，掌握基本的工艺技术，进一步提高学生的动手操作能力，初步树立电子工程意识。

3.1.1 主要元件

由于电子元件种类繁多，限于篇幅限制无法尽述，因此本节内容仅限于本实训所需元件。

1. 电阻器

电阻器也称电阻，是用电阻率较大的材料制成的，它在电路中起限流、分压、耦合、负载等作用。电阻器的常用单位为欧姆（Ω）、千欧（$k\Omega$）、兆欧（$M\Omega$）。$1M\Omega = 10^3 k\Omega = 10^6 \Omega$。最基本的电阻及表示符号如图 3-1 所示。

2. 电容器

电容器也称电容，是组成电路的基本元件之一，由两块金属电极之间夹一层绝缘电介质构成。当在两金属电极间加上电压时，电极上就会存储电荷，所以电容器是一种储能元件，常用于谐振、耦合、隔直、滤波、交流旁路等电路中。任何两个彼此绝缘又相距很近的导体，组成一个电容器。平行板电

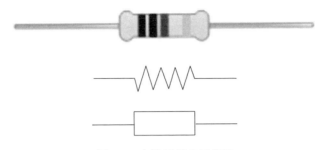

图 3-1 电阻及其表示符号

容器由电容器的极板和电介质组成。

电容的单位为法拉（F），但实际应用中很少用到。电容的常用单位为皮法（pF）和微法（μF），$1F = 10^6 \mu F = 10^{12} pF$。本实训中用到两种电容器，一种为电解电容，一种为瓷片电容。最基本的电容及其表示符号如图 3-2 所示。

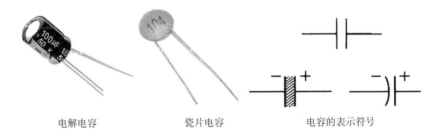

电解电容　　　　　　　　瓷片电容　　　　　　　　电容的表示符号

图 3-2 电容及其表示符号

3. 三极管

三极管是在半导体锗或硅的单晶上制备两个能相互影响的 PN 结，组成一个 PNP（或 NPN）结构。中间的 N 区（或 P 区）叫基区，两边的区域叫发射区和集电区，这三部分各有一条电极引线，分别叫基极 B、发射极 E 和集电极 C，是能起放大、振荡或开关等作用的半导体电子器件。

三极管的基本结构是两个反向连结的 PN 结面，如图 3-3 所示，可有 PNP 和 NPN 两种组合形式。三个接出来的端点依序称为发射极（E）、基极（B）和集电极（C）。几种常见的三极管外形如图 3-4 所示。

4. 太阳电池

太阳电池又称为"太阳能芯片"或"光电池"，是一种利用太阳光直接发电的光电半导体薄片。只要被满足一定照度条件的光照到，太阳电池瞬间就可输出电压，及在有回路的情况下产生电流。太阳电池输出为直流电，因此在使用时应注意正负极。实训所用电池板实物如图 3-5 所示。

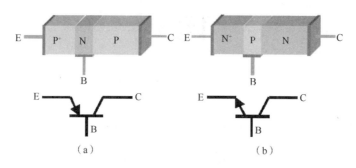

图 3-3　PNP 和 NPN 三极管的结构及其示意图

图 3-4　几种常见的三极管

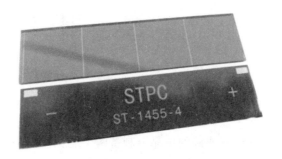

图 3-5　太阳电池

5. 空心电磁铁

电磁铁是通电产生电磁场的一种装置。一般而言，电磁铁所产生的磁场与电流大小、线圈圈数及中心的铁磁体有关。电磁铁具有磁性的强弱可以改变、磁性的有无可以控制、磁极的方向可以改变等优点。本实训所用电磁铁体积较小，并无铁心，实物如图3-6所示。

6. 印制电路板

印制电路板又称印刷电路板，是电子元器件电气连接的提供者，主要采用版图设计软件进行设计。使用印制电路板可以大大减少布线和装配的差错，提高自动化

图 3-6　空心电磁铁

水平。印制电路板按照电路板层数的不同可分为单面板、双面板、四层板、六层板以及其他多层线路板。本实训所用印制电路板为单面板，实物如图 3-7 所示。

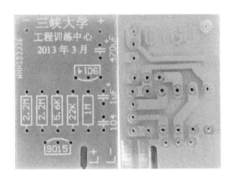

图 3-7　印制电路板

▇ 3.1.2　电子工艺实训主要工具和材料

本实训中主要以手工焊接装配为主，并且焊接元件的封装类型多为直插，因此本节内容只限于手工焊接直插元件时所用的主要工具和材料。

1. 电烙铁

电烙铁是电子制作和电器维修的必备工具，主要用途是焊接元件及导线。按机械结构不同电烙铁可分为内热式电烙铁和外热式电烙铁。

外热式电烙铁由烙铁头、烙铁芯（云母片＋电阻丝）、外壳、手柄等部分组成。由于烙铁头安装在烙铁芯里面，故称为外热式电烙铁，其结构如图 3-8 所示。

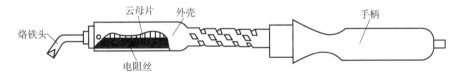

图 3-8　外热式电烙铁

内热式电烙铁由手柄、连接杆、弹簧夹、烙铁芯、烙铁头组成。由于烙铁芯安装在烙铁头里面，因而发热快，热利用率高，故称为内热式电烙铁，其结构如图 3-9 所示。

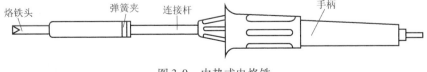

图 3-9　内热式电烙铁

2. 焊料

焊料指用于焊接两种或两种以上的金属面，使之成为一个整体的金属或合金的材料。一般在手工焊接中多使用注有助焊剂的焊锡丝，最常见的为锡铅合金焊锡丝，但金属铅对人体危害较大，因此现多用相对环保的无铅焊料，本实训所用的焊料为锡铜合金焊锡丝。

3.2 手工焊接技术

3.2.1 焊接准备

1. 安全检查

由于电烙铁为高温工具，且直接使用220V电源，因此在使用之前需格外注意电烙铁的连线是否有烫伤或其他损伤。

2. 工具和材料准备

检查电烙铁后，在使用电烙铁之前应做好相应的焊接准备工作，主要准备工作如下：

1）高温海绵可以用来清理烙铁头残渣，但需要用水润湿方可使用，且要注意水量适中，不要过干或过湿。

2）烙铁架用于放置电烙铁，使用前应检查是否松动。

3）准备焊接时所需的焊锡丝，注意焊锡丝应适量取用。

4）加工元件管脚时，需要将元件管脚按照印制电路板的安装指示进行加工。但要注意不要齐根弯折。

5）电烙铁在使用前需要进行 3～5min 的预热。注意通电后，电烙铁必须放置在烙铁架上，防止烫伤。

3.2.2 手工焊接

1. 手工焊接操作姿势

焊锡丝加热时挥发出的烟雾对人体有害，一般在焊接时烙铁头与鼻子的距离应该大于20cm，一般以30cm为宜。电烙铁的握持方法通常有三种，如图3-10所示。

反握法的动作稳定，长时间操作不易疲劳，适用于大功率电烙铁。正握法适用于中等功率电烙铁或弯头电烙铁。在操作台上进行的电路板焊接，通常使用握笔法。在本实训中，宜采用握笔法。

2. 手工焊接的基本步骤

正确的手工焊接操作过程可以分成五个步骤，称为"五步焊接法"，如图

3-11 所示。

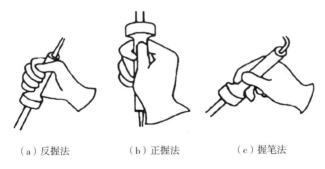

（a）反握法　　　　（b）正握法　　　　（c）握笔法

图 3-10　电烙铁的正确握法

（a）准备施焊　（b）加热焊件　（c）送入焊丝　（d）移开焊丝　（e）移开电烙铁

图 3-11　五步焊接法

（a）准备施焊。左手拿焊丝，右手握电烙铁，进入备焊状态。要求烙铁头保持干净，无焊渣等氧化物，并在表面镀有一层焊锡。

（b）加热焊件。烙铁头斜面靠在两焊件的连接处，加热整个焊件，包括元件管脚及焊盘。

（c）送入焊丝。焊件的焊接面被加热到一定温度时，焊锡丝从电烙铁对面接触焊件。注意：不要把焊锡丝送到烙铁头上。

（d）移开焊丝。当焊丝熔化一定量后（锥状焊点），立即向上 45°方向移开焊丝。

（e）移开烙铁。使焊锡浸润焊盘和焊件的施焊部位以后，向上 45°方向移开电烙铁，结束焊接。

对于热容量小的焊件，整个焊接过程应控制在 2～4s，不可持续加热，以免损坏焊件。焊接应美观牢固，标准焊点外观如图 3-12 所示。

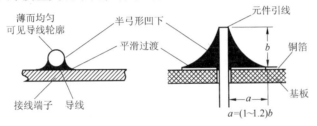

图 3-12　典型焊点的外观

3. 手工焊接印制电路板的注意事项

在焊接印制电路板之前，首先仔细检查印制电路板本身是否存在缺陷，例如短路、断路等。

元件焊接时，通常遵循"从低到高，从小到大"的原则。为保证焊接好的电路板整齐美观，所有元件在焊接时应排列整齐，同类元件高度应该保持一致。

焊接结束后，需要检测是否有漏焊、虚焊等现象，如果发现有问题，应及时重新焊好。

3.3　太阳苹果花的实际制作

1. 太阳苹果花的工作原理

太阳苹果花的控制电路如图 3-13 所示。

太阳苹果花制作实例演示

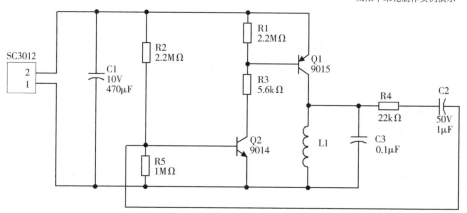

图 3-13　太阳苹果花控制电路原理图

在太阳光或灯光下，太阳电池板将光能转化为电能，配合相应的电路板将直流电周期性地加载到电感线圈，从而在电感线圈上周期性地产生电磁力。电感线圈上的周期性电磁力周期性地吸引右叶上的磁铁，从而带动太阳苹果花的右叶摆动，右叶与左叶有连接件相连，因此右叶摆动左叶也会跟着摆动。太阳苹果花的花瓣插在中板上，中板上要拧一个铁制螺钉，螺钉与磁铁之间会产生电磁力，因此右叶就通过磁铁与螺钉之间的吸引力带动中板运动，从而带动花瓣摆动。图 3-14 所示为太阳苹果花内部结构图。

2. 太阳苹果花的制作过程

1）元件焊接。注意电路板的元件面和焊接面，不能放错面，直插元件只能放在元件面并在焊接面焊接，太阳电池板要先上锡，焊接尽量一次完成，太阳电池板的正负极要对应好。电感线圈的线镀有绝缘漆，要将线圈的线头用电铬铁上锡，尽量将线头焊在锡里面，线圈的电阻约 300 ~ 500Ω。焊接过程如图 3-15 所示。

2）焊接好后就可以开始组装了，先将线圈用双面胶固定到图 3-16 所示位置。

图 3-14　太阳苹果花内部结构图

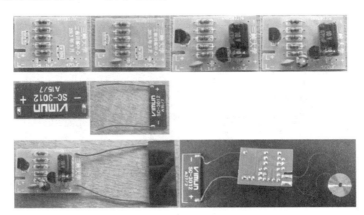

图 3-15　太阳苹果花控制电路焊接过程

3）按图 3-17 装配好吸铁石和右叶，然后放到荧光台灯或阳光下，便可进行测试。如果右叶可以摆动，再进行其他的装配；如果右叶不能摆动，说明上面的步骤中有某一步或几步有问题，在这种情况下全部装配好也不能动，要先排除问题，直至右叶顺畅地摆动后，再开始接下来的装配。

图 3-16　太阳苹果花的装配（1）

图 3-17　太阳苹果花的装配（2）

4）将连接件按图 3-18 所示准备好。

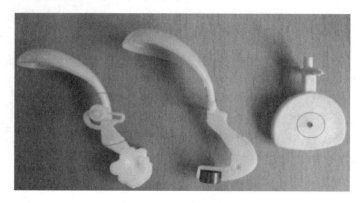

图 3-18　太阳苹果花的装配（3）

5）按图 3-19 ~ 图 3-22 所示顺序组装太阳苹果花。

图 3-19　太阳苹果花的装配（4）

图 3-20　太阳苹果花的装配（5）

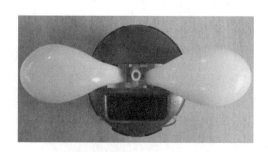

图 3-21　太阳苹果花的装配（6）

图 3-22　太阳苹果花的装配（7）

拓展　太阳苹果花常见故障及排除方法

1）测量线圈电阻（线圈电阻应该在 500Ω 左右，大概是在 $400 \sim 650\Omega$ 范围内），如果线圈电阻为零，说明线圈焊接短路了；如果线圈电阻为兆欧级别的，说明线圈的绝缘漆还包着线。

2）检查线圈的位置。

3）检查元件的位置和方向有没有错误，特别是三极管 9014 和 9015 的位置和方向。

4）检查太阳电池板正负极与电路板正负极的连接是否正确，太阳电池板的正极对应电路的正极。

5）检查电路上面有没有被连接成短路的现象，比如两个焊点焊到一块了或是被元件引脚连到一块了。

6）检查电路板上有没有引脚没有焊接上。

7）如果一片叶子动得很大，两片叶子却一动不动，先从侧面看是不是卡住了，然后从底下看是不是有钢丝吸在上面，最后看线圈的丝是不是把叶片挡住了。

8）中间的叶子不动，检查小螺钉有没有拧到中板上。

9）如果只有一片叶子动，检查两片叶片有没有用连接件连接。

10）检查电路板的完整性，如果有线路损坏，用导线进行连接。

 **思考题**

1. 测量线圈电阻时，如果线圈电阻为零，说明什么？如果线圈电阻为兆欧级别的，又说明什么？

2. 叶片不摆动的原因有哪些？如何自查？

3. 如果装一片叶子时动作幅度很大，装两片叶子后却几乎不动，是什么原因？

第4章

计算机组装

教学重点与难点

- 计算机系统的组成
- 计算机主机的主要硬件功能
- 计算机主机的组装
- 计算机操作系统的安装

4.1 计算机系统的组成

作为一种基本工具，计算机在我们日常的工作和生活中发挥着越来越大的作用。常用的计算机系统由计算机硬件和计算机软件两部分组成。

4.1.1 计算机硬件结构

计算机系统的硬件部分主要由输入设备、输出设备和主机（机箱和内部配件）构成，如图 4-1 所示。

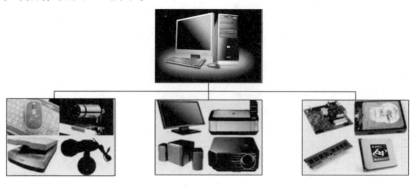

图 4-1 计算机系统硬件系统

1. 输入设备

输入设备（Input Device）是向计算机输入数据和信息的设备，是计算机与用户或其他设备通信的桥梁，是用户和计算机系统之间进行信息交换的主要设备之一。

输入设备按照功能可以分为以下四类：

字符输入：键盘。

图形输入：鼠标、操纵杆、光笔。

图像输入：摄像机、扫描仪、传真机。

模拟输入：话筒。

2. 输出设备

输出设备（Output Device）是计算机的终端设备，用于接收计算机数据的输出显示、打印、输出声音、控制外围设备操作等，可以将各种计算结果数据或信息以数字、字符、图像、声音等形式表示出来。常用的输出设备主要有以下两种：

显示器：又称监视器，是实现人机对话的主要工具。显示器主要有 CRT 显示器、LCD 显示器和 LED 显示器。

打印机：将计算机处理结果打印在纸张上的工具。

3. 主机

主机（Host）是计算机除去外部设备以外的主要机体部分，也是用于放置主板及其他主要部件的控制箱体。通常包括主板、CPU、内存、硬盘、光驱、电源以及其他输入输出控制器和接口，如图 4-2 所示。

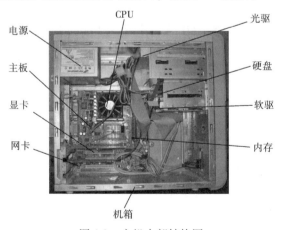

图 4-2　主机内部结构图

▌4.1.2　计算机的软件系统

仅由硬件系统组成的计算机，是不能供用户使用的。软件系统作为我们使用计算机不可或缺的部分，是所有计算机指令的集合。软件告诉计算机应该如何工作，可以控制计算机完成指定的工作，因此计算机也会因为软件的配置而产生功能上的差异。计算机的软件通常分为两大类：系统软件和应用软件。

1. 系统软件

系统软件（System Software）是指控制和协调计算机及外部设备，支持应用软件开发和运行的系统，是无需用户干预的各种程序的集合。其主要功能是调度、监控和维护计算机系统，同时负责管理计算机系统中各种独立的硬件，使得它们可以协调工作。系统软件使得计算机使用者和其他软件可将计算机当作一个整体，而不需要考虑每个硬件是如何工作的。

一般而言，所指的系统软件即我们常用的操作系统。目前，主要有 Windows、Linux（如 Fedora、Ubuntu、CentOS）和 Mac（如 Mac OS X）等。

2. 应用软件

应用软件（Application Software）是用户可以使用的各种程序设计语言，以及用各种程序设计语言编制的应用程序的集合，分为应用软件包和用户程序。应用软件是为满足用户不同领域、不同问题的应用需求而提供的软件。它可以拓宽计算机系统的应用领域，放大硬件的功能。

常见的应用软件有办公软件（如 Microsoft Office）、图像处理软件（如 Photoshop）和媒体播放器（如暴风影音）等。

为了系统的稳定和运行安全，注意要选用正版软件。

4.2　计算机主机主要硬件的功能

■ 4.2.1　主板

主板（Motherboard）是一块布满电器元件、插口、插槽的矩形板，安装在机箱内，是计算机最基本的部件之一，也是最重要的部件之一。主板担负着操控和调度 CPU、内存、显卡、硬盘等各个周边子系统并使它们协同工作的重要任务。选购主板时，应综合考虑其兼容性和稳定性。

■ 4.2.2　CPU

CPU（Central Processing Unit）又称中央处理器，它是整个计算机系统的核心，外形如图 4-3 所示。CPU 的性能直接影响计算机的运行能力和运行效率。

在选购 CPU 时，要依据使用者对计算机的不同要求以及其经济实力来购买。CPU 的发展越来越快，单纯地追求很高的主频没有必要，还会造成资金的浪费。因此在购买 CPU 时应当遵循合适够用的原则，根据所用计算机的应用需求来选择合适的 CPU。目前，市面上用于普通计算机的 CPU 主要有两个品牌——英特尔（Intel）和超微（AMD）。

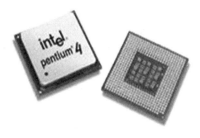

图 4-3　CPU 外形

4.2.3　内存

内存（Memory）是系统的主存储器，是计算机运行程序时用于快速存放程序和数据的载体，由半导体大规模集成电路芯片组组成，主要用于存放计算机系统的数据与指令。内存通常分为 ROM（Read Only Memory，只读存储器）、RAM（Read Access Memory，随机存储器）和高速缓冲存储器（Cache）。我们平常所指的内存条其实就是 RAM，主要的作用是存放各种输入、输出数据和中间计算结果，以及与外部存储器交换信息时做缓冲之用。内存只用于临时存放程序和数据，一旦关闭电源或发生断电，其中的程序和数据就会丢失。内存的容量和访问速度间接影响计算机的运行能力和运行效率。

内存条的选购主要从以下三个方面考虑：

1. 内存的容量

内存的容量是指内存的总大小，目前，一般以 GB 为单位。市面上常见的单条内存容量有 1GB、2GB、4GB 等。

2. 存取周期

内存的基本操作是读出与写入数据，我们把两次独立完成操作之间所需的最短时间称为存储周期，半导体存储器的存取周期一般为 4 ~ 7ns。

3. 频率

现在内存运行的频率都比较快，单位是 MHz。

4.2.4　显卡

显卡（Video Card）是系统必备的设备，负责输出显示图形。显卡是用户从计算机获取信息最重要的设备。每一块显卡都由显示主芯片、显示缓存（简称显存）、BIOS、数字/模拟转换器、接口、卡上的电容和电阻等组成。一些多功能显卡还配备了视频输出及输入，以供特殊需要。

显卡的选购，除了要考虑预算之外，最重要的就是要明确使用目的。由于显卡更新换代的速度非常快，而且高端显卡与低端显卡的市场价格区别非常大，应量力而行，选择一块满足自己需求的显卡，避免浪费。

显卡可以分为三类：独立显卡、集成显卡和核芯显卡。一般独立显卡的性能最为优越。独立显卡外形如图4-4所示。

图4-4　显卡

▍4.2.5　外部存储器

1. 硬盘

硬盘（Hard Disk）也称硬盘驱动器。从外观上看，硬盘是一个全封闭的金属硬壳，盘片磁头都封装在完全净化的密封盒内。在硬盘表面一般都有一个标签，标识了硬盘的品牌容量、设置及硬盘规格等相关信息。目前，市面上主要用到的硬盘按照接口类型一般可以分为 IDE 硬盘和 SATA 硬盘，如图4-5 所示。一般而言，在选购硬盘时主要看重转速、缓存容量、寻道时间、单碟容量、内部传输率及外部接口这六项技术指标。

（a）SATA

（b）IDE

图4-5　硬盘的两种接口

固态硬盘（Solid State Drives）简称固盘。固态硬盘是用固态电子存储芯片阵列而制成的硬盘，由控制单元和存储单元（FLASH 芯片、DRAM 芯片）组成。固态硬盘在接口的规范、定义、功能及使用方法上与普通硬盘完全相同，在产品外形和尺寸上也完全与普通硬盘一致，被广泛应用于军事、车载、工控、视频监控、网络监控、网络终端、电力、医疗、航空、导航设备等领域。

固态硬盘芯片的工作温度范围很宽，商规产品为 0～70℃，工规产品可达 −40～85℃。虽然成本较高，但也逐渐普及到 DIY 市场。由于固态硬盘技术与传统硬盘技术不同，所以产生了不少新兴的存储器厂商。厂商只需购买 NAND 存储器，再配合适当的控制芯片，就可以制造固态硬盘了。新一代的固态硬盘普遍采用 SATA-2 接口、SATA-3 接口、SAS 接口、MSATA 接口、PCI-E 接口、NGFF 接口、CFast 接口和 SFF-8639 接口。

2. 光驱

1) CD-ROM：是一种只读的光存储介质。它是利用原本用于音频 CD 的 CD-DA（Digital Audio）格式发展起来的。

2) DVD-ROM：是一种可以读取 DVD 碟片的光驱，除了兼容 DVD-ROM、DVD-VIDEO、DVD-R、CD-ROM 等常见的格式外，对于 CD-R/RW、CD-I、VIDEO-CD、CD-G 等格式都能很好地支持。

4.3　计算机主机的组装

4.3.1　计算机组装使用的工具

1. 工具

十字螺钉旋具一把，尖嘴钳一把，一寸毛刷一把，橡皮一块，各种工具如图 4-6 所示。组装计算机建议采用带有磁性的十字螺钉旋具。计算机中的大部分配件都是用十字螺钉旋具拧紧螺钉来固定的，选用带磁性的旋具是为了吸住螺钉，使安装方便。另外，螺钉落入狭小空间后也容易取出。

（a）十字螺钉旋具　　　　（b）尖嘴钳　　　　（c）一寸毛刷　　　（d）橡皮

图 4-6　计算机组装所需工具

2. 组装设备

计算机主机套件一套（联想启天 2610），CRT 显示器一台，数据线及电源连接线若干。

计算机拆解

断电、开箱   拔线   拆除硬件

■ 4.3.2　计算机主机组装基本操作

1. 做好组装前的准备工作

检查确定各重要组件的搭配关系，主要是主板上的跳线和开关。仔细阅读主板说明书上对其功能的介绍后，就可以开始动手组装计算机了。

在组装一台计算机前，还应进行以下几项准备工作：

1）准备工作台。

2）检查配件是否齐全。

3）清除身上的静电。

4）检查工具是否齐全。

5）准备盛放螺钉的器皿。

这里需要强调，静电对电子设备的危害巨大，因此，在拆卸任何电子设备之前，必须释放静电。主要有两种办法：一是触摸接地导体，二是洗手。

2. 组装计算机最小硬件系统

在组装计算机之前，应组装最小硬件系统（也称最小系统），用来验证计算机各部件的兼容性。如果系统能够启动，则证明本次组装已经成功大半。所谓最小硬件系统，包括主板、电源、CPU、内存、显卡这五个主要主机部件。

最小硬件系统

将主板放在平整并且稳固的防静电带上，底部要柔软，以免刮伤主板，可以使用主板的包装袋或泡沫包装袋。

最小系统组装步骤如下：

1）安装 CPU：本教程中以 P4（Pentium 4）为例，首先把 CPU 插槽侧面的压杆抬起，然后拿起 CPU 仔细观察，将 CPU 上的缺角对准主板 CPU 插槽上的缺角，对准针脚和插槽的位置，CPU 会在自身重力作用下无任何阻力落入插槽，此时重新压紧压杆即可，如图 4-7 所示。切记，如未对准插槽，不可重压安插 CPU，否则会弄断管脚，损坏配件。

组装最小系统

2）安装散热器：安装好 CPU 后，在 CPU 的背面均匀涂上散热硅脂，注意不要涂抹过量，以黄豆粒大小为宜，装上散热器及风扇，插好风扇电源接口。

3）安装电源：将电源主板输出端连接到主板，插上 CPU 供电插头，同样其插头有防呆接口设计，应看准方向插牢。

4）安装内存：将内存安装在主板上，注意方向，内存上有一个开口，把这个开口对准主板内存插槽上的凸起，用力按下，听到"咔嗒"一响，内存就安装到位了。对准缺口如图 4-8 所示。

4-7 安装 CPU 时的方向标识图　　　图 4-8 内存缺口与插槽的对应关系

5）安装显卡：将显卡安装在主板 AGP 显卡插槽上，注意将显卡的金手指上的缺口对准 AGP 插槽上的凸起，不要插错。

6）将显卡与显示器用数据线连接起来，将电源线与电源上的插口连接好。这里需要注意的是，计算机上所有接插口都有防呆接口设计，如果插入方向不对，是不能插入的，所以在插入接插口时要注意观察，对正方向。如果插不进去，不要硬插，观察准确后再插入。

将 CPU、电源、内存及显卡安装好后，最小系统就安装完毕了，如图 4-9 所示。

图 4-9 计算机最小系统及电源启动位置

7）主板接线柱上有标注 POWER SW 的两个接线柱，如图 4-9 所示，这两个接线柱的作用是启动电源，使电源处于供电状态，使计算机启动并且工作。使用旋具的金属头连接这两个接线柱，如果发出"滴"的一声，观察显示器的动作，当出现如图 4-10 所示的画面时，那么最小系统就安装并验证成功了。如果是新组装的计算机，就表明所选用的零件通过了计算机的自检，就可以进行下一步，开始组装计算机了。

图 4-10　验证最小系统成功的显示画面

注意：如果发出的是"滴—滴—"的连续长声，说明内存有问题；如果发出的是"滴—滴、滴"的一长声两短声，则说明显卡有问题。一般情况下重新拔插显卡和内存或用橡皮清理金手指上面的氧化层就能解决。如果不能解决问题，则说明内存或显卡本身有问题，需要更换。这里需要注意的是，并不是所有计算机的报警声都相同，这取决于主板上预安装的 BIOS 版本，本教程中以 Award BIOS 为例说明。

内存报错

3. 组装计算机

在最小系统通过了自检后，要把计算机硬件部分装入机箱。拆下显卡，保留 CPU 风扇以及内存，将机箱放在安装台上，开始安装计算机硬件系统。

显卡报错

1）安装机箱：机箱配件里面有铜柱螺栓，以及塑料构件，将其安装在机箱底部的相应位置。

2）安装电源：将电源安装到机箱内相应位置，对准机箱上的电源螺栓孔，拧紧螺栓。如果购买的机箱带有电源，这一步可以省略。

拆除最小系统

3）安装主板：把主板安装到机箱里，主板上有很多输入与输出口的一边，对准机箱上相应的开口处，轻轻放入，将螺栓拧紧。注意不要拧得太紧，以免压坏主板或使主板变形，影响日后的使用。由于主板生产厂家不同，所配套的螺栓有细牙与粗牙之分，在安装时要注意观察，防止装错。另外，安装主板时应注意，不要将任何连线压在主板下，否则会影响后续操作。安装好主板后，插好 CPU 风扇的电源线。安装好主板的机箱如图 4-11 所示。

组装计算机

4）安装硬盘及软驱：把硬盘设置成主盘，安装在机箱的相应位置，拧紧螺钉。注意硬盘的螺钉是粗牙螺纹，不要装错。软驱现在已经很少使用，如果没有配备软驱，可以不安装。

图 4-11　安装好主板的机箱

5）安装光驱：将光驱设置成从盘，安装到机箱的相应位置，拧好螺钉，光驱使用的螺钉是细牙螺纹，注意区分。将光驱音频输出线连接到主板音频插口接线柱上。

6）连接数据线：将光驱、硬盘和软驱的数据线连接到主板上的相应插口，其中硬盘应连接到主板的 IDE1 插口，光驱连接到主板的 IDE2 插口，也可以使用一根数据线同时连接硬盘与光驱，不过由于光驱与硬盘占用一根数据线，会造成数据传输过慢的现象，不推荐使用。如果使用的是串口硬盘，将串口数据线连接到主板串口插头上就可以了。插线时注意防呆接口设计，先对准方向，避免因为错插导致接口的针脚变形，如图 4-12 所示。

图 4-12　主板上的 IDE 插槽

7）连接硬盘、光驱、软驱的电源输入：将硬盘、光驱及软驱连接电源。其电源插口有防呆接口设计，注意插入的方向，不要插错，如图 4-13 所示。

8）安装显卡：将显卡安装在主板 AGP 插槽内，并将机箱上固定显卡的螺钉拧紧。如果是 PCI-E 显卡，且主板为 PCI-E 插槽，则插入主板 PCI-E 插槽中，如图 4-14 所示。

9）安装 USB 接口及其他接口线：将机箱上的 USB 接口线及其他插口线插入主板上的相应接线柱上，注意方向。

10）安装其他板卡：如果有其他 PCI 功能板，如电视卡、声卡、网卡等，

——插入 PCI 插槽并用螺栓固定。至此，计算机主机安装完毕。最后要整理好机箱内的数据线及电源线，防止数据线及电源线影响到机箱内部风扇的运转以及机箱内部空气的流通，安装好的主机如图 4-15 所示。

插线

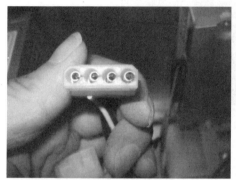
（a）硬盘、光驱电源插头

（b）硬盘、光驱、软驱的电源安装

图 4-13　硬盘、光驱电源线的安装效果

图 4-14　安装好的显卡

连接鼠标和键盘

11）安装键盘、鼠标等外部设备：将键盘及鼠标的数据线连接到计算机相应接口，注意，键盘插入紫色 PS/2 接口，鼠标插入绿色 PS/2 接口。连接显卡与显示器的数据线，在电源插口上插入电源线。插入音箱数据线，如果还有其他外部设备，在相应主机接口上一一插好。

至此，计算机主机硬件系统安装完毕。

4. 操作注意事项

1）安装主板时一定要将主板侧面的输入输出口对准机箱缺口，如没对准，不可强制安装螺栓，否则会造成

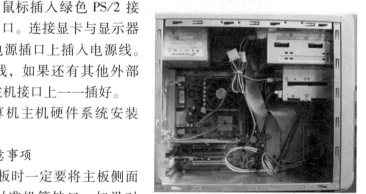

图 4-15　安装好的计算机主机

主板的变形甚至损坏。

2）安插硬盘与光驱的 IDE 数据排线时，要注意观察线头上面的凸起，要与配件插槽上的缺口相对应，不可弄反方向而强制安装，否则会造成插针弯曲，如图 4-16 所示。

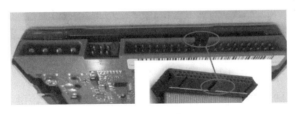

图 4-16　硬盘 IDE 接口与数据线插头的对应关系

3）安装内存或显卡时，应该注意正确的安装方法：用力将内存或显卡安插入插槽，使卡扣自动扣紧，切记不可人为扣紧卡扣。内存卡扣如图 4-17 所示。

4）安装 USB 接口等类似连线时，应注意插头上的实心口与插针上的缺口，以判断正确的安插方向。

5）安装配件时，所用的螺栓不同，需要按照说明书将螺栓分类放好，以免用错，损坏配件。

图 4-17　内存卡扣与卡槽

6）安装好后，最好不要先安装输入设备，应首先检查一下，看是否所有的外部存储设备都已连接，否则可能无法正常使用计算机。

开机测试　　　　关机盖

4.4　计算机操作系统的安装

安装好硬件系统后，计算机并不能立刻使用，还需要安装操作系统。下面以联想 M4390 为平台，以 Windows 7 为例，讲解操作系统的安装。本书主要介绍两种方法：一种是以光盘进行安装，一种是以 U 盘进行安装。

■4.4.1　BIOS 设置

开启计算机或重新启动计算机后，立即按住"Enter"键，在屏幕显示如图 4-18 时，按下"F1"键就可以进入 BIOS 的设置页面。

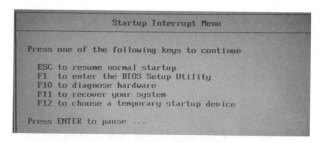

图 4-18　进入 BIOS 设置时的选择页面

现在主板一般比较智能，能够自动侦测安装的 CPU 并进行设置。如果仅仅只安装操作系统，只需要改变计算机的启动设置就行了，其他的设置可以保持主板默认参数。需要注意的是，有些品牌计算机的 BIOS 设置需要在 Main（主菜单）中设置正确的系统时间才能安装系统，这里就不详细讨论了。另外，需要说明的是，不是所有计算机的设置方法都相同，下面介绍本书中所使用计算机的具体设置方法。

1. 进入 Startup 设置

本选项是更改系统启动装置和相关设置的，是 BIOS 设置中较为重要的设置，此选项画面如图 4-19 所示。

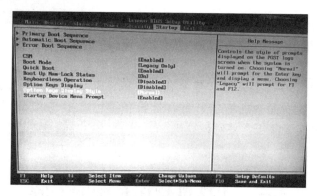

图 4-19　Startup 选项画面

2. Primary Boot Sequence（主要启动顺序）

在 Startup 页面设置第一项 Primary Boot Sequence，按下"回车"键进入启动设备选择界面，画面如图 4-20 所示。

本项目是设置开机时系统第一启动设备顺序，在安装操作系统时要从光驱或 U 盘启动，就必须把 Primary Boot Sequence 设置成为你的光驱（CDROM）或 USB 启动设备（USB-ZIP），图 4-20 上设置的是 USB FDD，所以当系统开机时第一个启动的是 USB 设备，也就是说，直接读取光驱中光盘的内容。如果

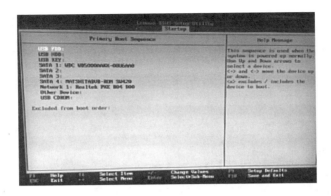

图 4-20　Primary Boot Sequence 选项画面

安装已经完成，就把第一启动设置成为硬盘，其他的启动项目设置成为光驱或其他。

3. 保存并退出（退出 BIOS 程序设置）

保存并退出，即可应用当前设置。但是有一个更快捷的方法，就是不管在哪个设置窗口里面，都可以随时按 F10 保存并退出。

▌4.4.2　硬盘的分区与格式化

硬盘的分区与格式化，在使用光盘安装系统时有这个选项，同时还有其他的软件来快速对硬盘进行分区，例如 Disk Genius，由于篇幅限制，这里就不做详细介绍了。

▌4.4.3　操作系统的安装

操作系统最初系统的载体都是光盘，我们安装系统就要使用光驱加载光盘，从而进行安装。可是随着光驱、光盘的淘汰，系统越来越多是以电子格式进行传播的，一般为. ISO 格式。当前进入操作系统安装界面主要有三种方法，光盘启动、U 盘启动和硬盘启动。光盘安装法是利用电脑的光驱，将正版系统盘直接加载进行安装的方法。U 盘安装是利用 U 盘启动盘制作工具，制作 U 盘启动盘，之后从 U 盘启动 WIN PE 系统，再加载从微软官网下载好的系统镜像进行安装的方法。硬盘安装就是不借助光盘和 U 盘，直接从当前系统加载从微软官网下载好的 ISO 系统镜像来进行安装的方法。以上三种方法任选其一，正常进入安装界面后，进行如下安装。安装开始界面如图 4-21 所示。

选择"现在安装"，然后进入安装程序启动页面（从硬盘安装时，在安装过程中，有的电脑在此步可能会需要数分钟，不用担心，耐心等待即可）。之后选择语言和输入法等相关信息，如图 4-22 所示。

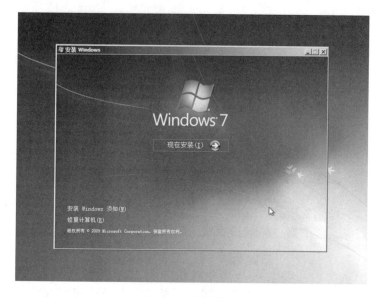

图 4-21　安装界面

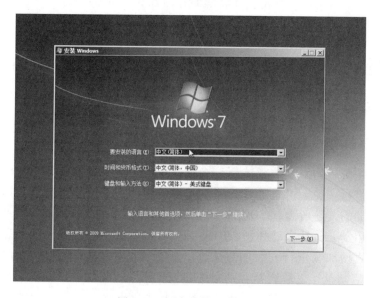

图 4-22　语言及输入法选择

接着，在接受许可条款方框打勾，进入类型选择页面，如图 4-23 所示。

在类型选择页面，一般选择"自定义（高级）"选项，弹出 Windows 安装位置选择，如图 4-24 所示。

选择安装磁盘分区，点击"下一步"，进入 Windows 产品密钥输入页面，如图 4-25 所示。

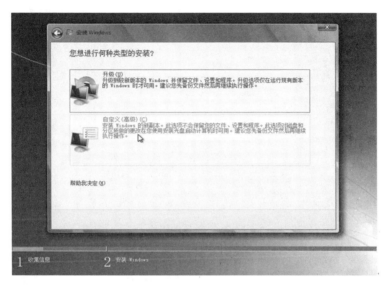

图 4-23 类型选择

图 4-24 选择系统安装盘符位置

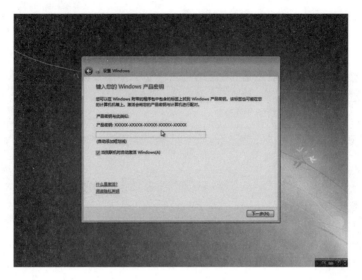

图 4-25　产品密钥输入

　　Windows7 系统光盘密钥一般在在光盘包装盒上，输入密钥后点击"下一步"，系统开始自动安装。安装进度如图 4-26 所示。

图 4-26　系统安装进度

　　等待一会，当电脑屏幕出现"安装程序正在为首次使用计算机做准备"时，Windows7 的安装已经基本完成，下面就是填写用户名、密码等选项，直到顺利进入桌面。进入桌面后，在桌面图标"计算机"上点击右键，选择"属性"，点击左上角的"设备管理器"，弹出页面如图 4-27 所示。

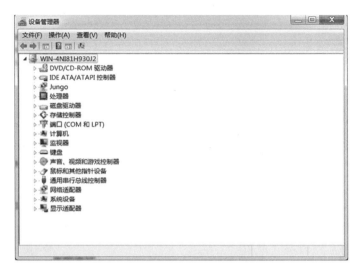

图 4-27　计算机设备管理器

查看设备管理器，检查硬件设备驱动是否完好。若设备管理器中设备有黄色的问号，表示该设备驱动有问题，该设备暂时不能正常使用，需要到该品牌计算机的官网上下载驱动程序并安装，直到黄色的问号消失，表示驱动程序全部安装完毕，至此，计算机便可以使用了。

开机

 **思考题**

1. 计算机硬件系统包括哪几个部分？
2. 简述安装操作系统的详细步骤。
3. 如何制作 U 盘启动盘？

第 5 章

车 削 加 工

■ **教学重点与难点**
- 车床的种类及应用
- 车床的组成部分及功能
- 机床的调整
- 榔头柄的加工制作

5.1 概 述

■ 5.1.1 车削加工的概念

车削加工是在车床上利用工件的旋转运动和刀具的移动来改变毛坯形状和尺寸，将其加工成所需零件的一种切削加工方法。工件的旋转运动是主运动，车刀运动为进给运动。车削加工是机械加工中最基本、最常用的一种方法。

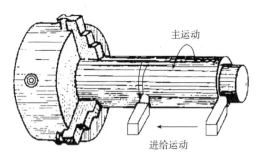

图 5-1 车削加工

■ 5.1.2 车削加工的特点

与机械加工中的钻、铣、刨和磨削等加工方法相比较，车削具有如下特点：

1）适应性强。

2）使用的刀具结构相对简单，制造、刃磨和装夹都较方便。

3）车削切削力变化较小，过程相对平稳，生产效率较高。

4）车削可以加工出尺寸精度和表面质量较高的工件。

5.1.3　车削加工的范围

凡是具有回转体表面的工件，都可以在车床上用车削的方法进行加工，车削加工的工件尺寸公差等级一般为 IT7 ~ IT9，表面粗糙度为 $Ra = 1.6 ~ 3.2 \mu m$。以卧式车床为例，其加工范围如图 5-2 所示。

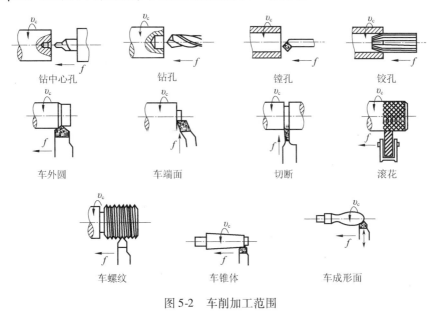

| 钻中心孔 | 钻孔 | 镗孔 | 铰孔 |

| 车外圆 | 车端面 | 切断 | 滚花 |

| 车螺纹 | 车锥体 | 车成形面 |

图 5-2　车削加工范围

5.2　车床与车刀的基础知识

5.2.1　车床的分类

车床分为很多种类，以适应不同的加工要求。按其结构和用途不同，可分为：卧式车床、立式车床、转塔车床、回轮车床、落地车床、液压仿形及多刀自动和半自动车床、各种专用车床（如曲轴车床、凸轮轴车床等）、数控车床和车削加工中心等。

■5.2.2　车床的型号（以卧式车床为例）

机床型号是机床产品的代号，用以简明地表示机床的类别、主要技术参数、结构特性等。我国目前实行的机床型号，按 GB/T 15375—2008《金属切削机床型号编制方法》实行，其表示方法如图 5-3 所示。

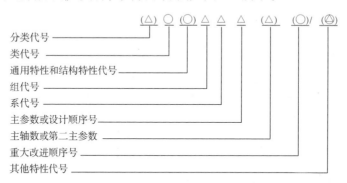

图 5-3　卧式车床型号表示含义

其中，有"（）"的代号或数字，当无内容时则不表示，若有内容则不带括号；

有"〇"符号的，为大写的汉语拼音字母；

有"△"符号的，为阿拉伯数字。

有"◎"符号的，为大写的汉语拼音字母，或阿拉伯数字，或两者兼有之。

例如：CDS6132

C——机床类代号（车床类，汉语拼音第一个字母）；

D——机床结构特性代号（大连机床）；

S——结构特性代号（高速）；

6——卧式车床组（落地及卧式车床组）；

1——卧式车床型（1 表示卧式车床）；

32——床身上最大工件回转直径（mm）的 1/10。

■5.2.3　卧式车床的组成及作用

以实训项目所使用的 CDS6132 卧式车床为例，其组成如图 5-4 所示。

1. 床身

床身是用来支撑和连接车床各部件并保证各部件相互位置精度的基础零件，床身上面有供刀架和尾座移动用的导轨，床身由床腿支撑，床腿固定在地基上。

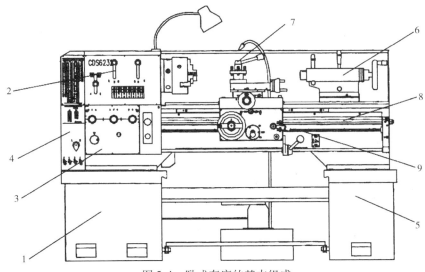

图 5-4　卧式车床的基本组成

2. 主轴箱（床头箱）

主轴箱内有多组齿轮变速机构，变换箱外手柄位置可改变主轴部件状态，把动力和运动传递给主轴，使主轴通过卡盘等夹具带动零件旋转，实现主运动。

3. 进给箱

进给箱内装有进给运动的变速机构，用以改变进给量，并通过光杠将传来的旋转运动变为刀架的直线移动。

4. 交换齿轮箱

交换齿轮箱用来把主轴的转动传给进给箱。调换箱内的齿轮，并与进给箱配合，可以车削各种螺距的螺纹。

5. 拖板箱

拖板箱是车床进给运动的操纵箱，将光杠或丝杠传来的旋转运动变为刀架的直线运动。

6. 尾座

尾座安装在床身导轨上，尾座套筒内可安装顶尖，用以支撑较长工件的一端，或安装钻头、铰刀等工具来加工孔。尾座的位置可以在床身导轨上调整。

7. 刀架

刀架用以夹持车刀并使其做纵向、横向及斜向运动。刀架由床鞍、中拖板、转盘、小拖板和方刀架等组成。

8. 丝杠

丝杠将进给运动传给拖板箱，完成螺纹车削。

9. 光杠

光杠将进给运动传给溜板箱，带动大滑板、中滑板，使车刀做纵向或横向的自动进给。

■ 5.2.4 卧式车床的调整及手柄的使用

CDS6132 卧式车床如图 5-5 所示。

1. 变速手柄

主运动变速手柄为 2，进给运动变速手柄为 5，按标牌扳至所需位置即可。

2. 锁紧手柄

方刀架锁紧手柄为 14，尾座锁紧手柄为 18，尾座套筒锁紧手柄为 17。

3. 移动手柄

刀架横向移动手柄为 7，刀架纵向移动手轮为 8，小拖板移动手柄为 20，尾座套筒移动手轮为 19。

4. 启动手柄

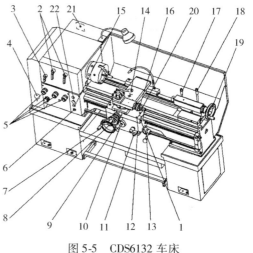

图 5-5　CDS6132 车床

离合器操纵杆为 13，向上扳则主轴正转，向下扳则主轴反转，放于中间位置则主轴停。10 为自动进给选择手柄，向上扳为启动，向下扳即停止；开合螺母手柄为 12，向上扳即打开，向下扳即闭合。

5. 左/右旋螺纹手柄及螺距调节手柄

9 为纵横向进给选择手柄，拉出纵向进给，按进为横向进给。

6. 光杆、丝杠选择

本机床为自动选择光杠、丝杠切换，当 5 手柄打在 M 且符合机床设定螺距时，丝杠、光杆同时旋转，此时可以按下 12 开合螺母手柄；当 5 手柄打在 M、不符合机床设定螺距时，丝杠不转动，无法按下开合螺母 12。

7. 其他手柄说明

3 为走刀换向手柄；4 为主轴高低速选择旋钮开关；6 为冷却泵开关；11 为手拉油泵；15 为主电机启动按钮；20 为床鞍锁紧螺钉；21 为机床电源开关；22 为急停按钮。

■ 5.2.5 车刀

1. 车刀的结构

车刀由刀头（切削部分）和刀体（夹持部分）所组成。车刀的切削部分由三面、二刃、一尖所组成，即一点二线三面，如图 5-6 所示。

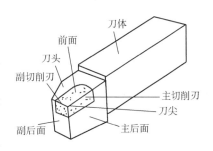

图 5-6　车刀的结构

1）前面：切削时，切屑流出所经过的表面。

2）主后面：切削时，与工件加工表面相对的表面。

3）副后面：切削时，与工件已加工表面相对的表面。

4）主切削刃：前面与主后面的交线。它可以是直线或曲线，担负着主要的切削工作。

5）副切削刃：前面与副后面的交线。一般只担负少量的切削工作。

6）刀尖：主切削刃与副切削刃的相交部分。为了强化刀尖，常磨出圆弧形或一小段直线的过渡刃。

2. 车刀的种类和用途

1）车刀的种类：按用途不同，车刀可分为外圆车刀、内孔车刀、端面车刀、切断刀和切槽刀等；按切削部分材料的不同，车刀可分为高速钢车刀、硬质合金车刀、陶瓷车刀等；按结构不同，车刀可分为整体车刀、焊接车刀、机夹重磨车刀、机夹可转位车刀等；按切削刃复杂程度的不同，车刀可分为普通车刀和成形车刀。

2）车刀的用途：采用不同类型的车刀可以车外圆、车端面、切槽或切断、钻中心孔、钻孔、扩孔、铰孔、车内孔、车螺纹、车圆锥面、车特形面、滚花、车台阶和盘绕弹簧等。如果在车床上装上其他附件和夹具，还可进行镗削、磨削、珩磨、抛光以及加工各种复杂形状零件的外圆、内孔等，如图 5-7 所示。

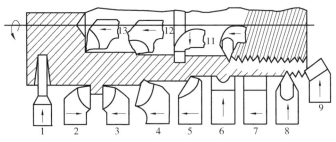

图 5-7　常用车刀类型

1—切断刀；2—90°左偏刀；3—90°右偏刀；4—弯头车刀；5—直头车刀；
6—成形车刀；7—宽刃精车刀；8—外螺纹车刀；9—端面车刀；
10—内螺纹车刀；11—内槽车刀；12—通孔车刀；13—盲孔车刀

5.3 车削基本操作

5.3.1 车刀与工件的安装

1. 车刀的安装

安装车刀应注意以下几点：

1）刀头不宜伸出太长，否则切削时容易产生振动，影响工件加工精度和表面粗糙度。一般刀头伸出长度不超过刀杆厚度的两倍，能看见刀尖车削即可。

2）刀尖应与车床主轴中心线等高。车刀装得太高，后角减小，车刀的主后面会与工件产生强烈的摩擦；如果装得太低，前角减小，切削不顺利，会使刀尖崩刃。刀尖的高低可根据尾座顶尖高低来调整。车刀的安装如图 5-8 所示。

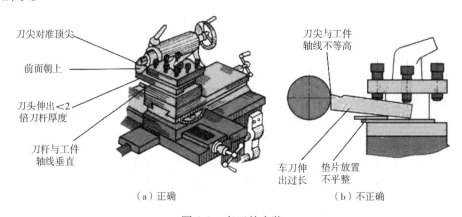

图 5-8 车刀的安装

2. 工件的安装

（1）自定心卡盘

自定心卡盘的结构如图 5-9a 所示，当用卡盘扳手转动小锥齿轮时，大锥齿轮也随之转动，在大锥齿轮背面平面螺纹的作用下，使三个爪同时向中心移动或退出，以夹紧或松开工件。它的特点是对中性好，自动定心精度可达到 0.05 ~ 0.15 mm。

（2）工件的安装

1）当自定心卡盘装夹直径较小的工件时用正爪装夹，如图 5-9b 所示。

2）当装夹直径较大的外圆工件时，可用三个反爪进行安装，如图 5-9c 所示。

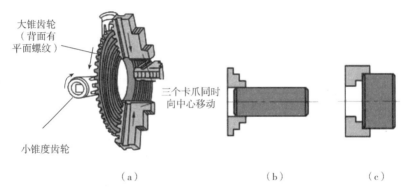

大锥齿轮
（背面有
平面螺纹）

三个卡爪同时
向中心移动

小锥度齿轮

（a）　　　　　　　　　　（b）　　　　　　　　　（c）

图 5-9　自定心卡盘结构和工件安装

3）自定心卡盘由于夹紧力不大，所以一般只适宜重量较轻的工件。当对重量较重的工件进行装夹时，宜用四爪卡盘或其他专用夹具，其区别如图5-10和图5-11所示。

图 5-10　自定心卡盘装夹工件　　　　　图 5-11　单动卡盘装夹工件

4）对于一般较短的回转体类工件，较适宜用自定心卡盘装夹；但对于较长的回转体类工件，用此方法则刚性较差。所以，对于一般较长的工件，尤其是较重要的工件，不能直接用自定心卡盘装夹，而要用一端夹住，另一端用后顶尖顶住的装夹方法，如图 5-12 所示。

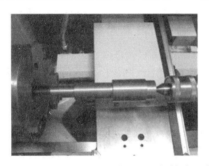

图 5-12　长轴类工件的一夹一顶式装夹

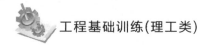

■5.3.2 机床的调整

机床的调整包括加工前、加工中、加工后的调整，以下所讲主要是针对加工时的切削三要素的调整。

1. 主轴转速的调整

主轴的转速是根据切削速度计算选取的。而切削速度的选择和工件材料、刀具材料以及工件加工精度有关。用高速钢车刀车削时，$v = 0.3 \sim 1\text{m/s}$，用硬质合金车刀车削时，$v = 1 \sim 3\text{m/s}$。车硬度高钢比车硬度低钢的转速低一些。

例如用硬质合金车刀加工直径 $D = 200\text{mm}$ 的铸铁带轮，选取的切削速度 $v = 0.9\text{m/s}$，计算主轴的转速为

$$n = \frac{1000 \times 60v}{\pi D} = \frac{1000 \times 60 \times 0.9}{3.14 \times 200}\text{r/min} \approx 99\text{r/min}$$

2. 进给速度的调整

进给量根据工件加工要求确定。粗车时，一般取 $0.2 \sim 0.3\text{mm/r}$；精车时，随所需要的表面粗糙度而定。例如表面粗糙度为 $Ra3.2\mu\text{m}$ 时，选用 $0.1 \sim 0.2\text{mm/r}$；表面粗糙度为 $Ra1.6\mu\text{m}$ 时，选用 $0.06 \sim 0.12\text{mm/r}$ 等。进给量的调整可对照车床进给量表扳动手柄位置，具体方法与调整主轴转速相似。

3. 切削用量的调整

1）粗车的目的是尽快地切去多余的金属层，使工件接近于最后的形状和尺寸。粗车后应留下 $0.5 \sim 1\text{mm}$ 的加工余量。

2）精车是切去余下少量的金属层，以获得零件所要求的精度和表面粗糙度，因此背吃刀量较小，约 $0.1 \sim 0.2\text{mm}$，切削速度则可用较高速或较低速，初学者可用较低速。为了提高工件表面粗糙度，用于精车的车刀前、后面应采用磨石加机油磨光，有时刀尖磨成一个小圆弧。

■5.3.3 安全生产

1. 开车前的准备

1）应检查车床各部分机构是否完好，有无防护设备。各传动手柄是否放在空档位置，变速齿轮的手柄位置是否正确，以防开车时因突然撞击而损坏车床。

2）调整车床主轴转速在最低转速，主轴低速空转 $1 \sim 2\text{min}$，使润滑油散布到各处（冬季尤为重要），同时再对各手柄位置进行一次检查，等车床运转正常后才能工作。

3）在大、中、小滑板及其他部位加注润滑油。

4）检查所需的工、夹、量具以及工件，应尽可能靠近和集中在操作者的周围。布置物件时，用右手拿的放右边，左手拿的放左边；常用的放近些，

不常用的放远些。物体放置应有固定位置，使用后要放回原处。

5）工具箱内应分类布置，并保持清洁、整齐。要求小心使用的物件要放置稳妥，重的东西放下面，轻的放上面。

6）图样、工艺卡放置应便于阅读，并注意保持清洁和完整。

2. 车削过程中的安全注意事项

对于车工而言，安全生产非常重要。只有安全生产，才能避免工作中的疏忽，减少工伤事故的发生，高质量、高效率地完成任务，同时也为了保持车床的精度，延长其使用寿命，因此车工必须严格遵守《安全操作规程》，因此要求做到以下几点：

1）操作前要带好防护用品，工作时要穿工作服或紧身衣，袖口要扎紧，带好工作帽，女生的头发应塞入帽子里。夏季禁止穿裙子、短裤和凉鞋操作机床，更不允许戴手套操作。

2）工作时，头不能离工件太近，以防铁屑飞进眼睛或烫伤皮肤。加工中，背吃刀量不可过大，在高速切削或切屑飞散时，必须戴防护镜。

3）注意手、身体和衣服不能靠近正在旋转的机件，如带轮、传动带、齿轮、光杠、丝杠及卡盘等部位。不得打闹，以防发生安全事故。

4）工件和车刀必须装夹牢固，以免飞出伤人。

5）车床开动时不得用手触摸旋转中的卡盘和工件，以防止手被卷伤。清除工件上的铁屑时一定要用铁钩或毛刷，禁止用手清除。

3. 完成车削后的工作

1）工作完毕后，将所用过的物件擦净归位，清理机床，刷去切屑，擦净机床各部位的油污，并按规定加注润滑油。

2）最后将机床周围打扫干净。

3）将床鞍摇至床尾，各手柄放到空档位置，关闭电源。

5.4　车削加工实训——榔头柄加工

5.4.1　加工榔头柄的基本工艺

1. 零件图

本实训环节需用时 4h，要求完成的榔头柄零件图如图 5-13 所示。

2. 毛坯的选用

榔头柄属于轴类零件的一种，所以采用的毛坯多数是圆钢。由于图 5-13 中给出的长度为 170mm，最大直径为 ϕ10mm，因此这里确定该毛坯规格为

$\phi 12mm \times 172mm$ 的普通冷拉圆钢, 如图 5-14 所示。

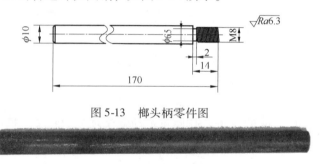

图 5-13 榔头柄零件图

图 5-14 普通冷拉圆钢

3. 工艺分析及加工准备

(1) 工件图样的分析

1) 工件结构及形状分析: 图 5-13 所示的榔头柄, 是由外圆、台阶、沟槽组成的工件。

2) 尺寸精度分析: 工件尺寸分别为直径 $\phi 10mm$、$\phi 6.5mm$ 及 M8 的螺纹。两处台阶长度尺寸分别为 156mm、14mm, 沟槽宽度为 2mm, 工件总长度为 170mm。几处外圆及长度尺寸为自由公差, 可不用考虑分粗、精车, 可一次加工至尺寸。

3) 表面粗糙度分析: 所有表面粗糙度都必须达到 $Ra6.3\mu m$。

(2) 加工工艺的分析

1) 加工台阶轴长度的精度可采用刻线法与深度尺测量配合来保证, 各外圆的尺寸精度可用试切削的方法来保证。

2) 由于加工的工件为细长轴类, 所以加工过程中必须采用活顶尖进行支撑加工。操作时, 尾座必须把工件顶紧, 以防止工件车削时形成锥度。所以尾座上的手柄都必须固定, 防止尾座松动。

3) 为保证达到表面粗糙度的要求, 首先需合理选用刀具, 其次合理选用切削用量。

(3) 切削用量的选择

切削用量按表 5-1 进行选择。

表 5-1 切削用量的选择

工序	主轴转速/(r/min)	进给速度/(mm/r)	背吃刀量/mm
车端面	800	0.1 ~ 0.2	0.5 ~ 1
车外圆	800	0.08 ~ 0.1	0.5 ~ 1
切槽	800	0.05 ~ 0.08	—
加工螺纹	44	—	—

（4）加工工艺路线的确定

结合图样分析及工艺分析，确定榔头柄的加工工艺路线如下：

检查毛坯尺寸—车端面—钻中心孔—车外圆至尺寸（直径 ϕ10mm，长度 156mm）—调头装夹工件，控制工件总长在 170mm—车台阶轴至尺寸（直径尺寸 ϕ8mm，螺纹加工总长 14mm）—切槽（直径 6.5mm，宽 2mm）—加工 M8 螺纹至尺寸。

（5）工件的定位与装夹

1）车外圆时，用自定心卡盘一夹一顶装夹。

2）调头后采用自定心卡盘装夹。

3）调头装夹时，用样板或钢直尺定位。

（6）工具选用

根据加工材料、尺寸要求、表面粗糙度要求及工件的形状等选用刀具、量具，见表 5-2 和表 5-3。

表 5-2　刀具表

序号	刀具名称	刀具规格	刀具图样
1	93°外圆刀	20mm × 20mm	
2	45°端面刀	20mm × 20mm	
3	切断刀	20mm × 20mm × 2	

表 5-3　量具表

序号	量具名称	量具规格及分度值	量具图样
1	游标卡尺	0 ~ 150mm 分度值 0.02mm	
2	钢直尺	300mm	

5.4.2 实际加工操作

实习车床为：卧式车床 CDS6132，加工过程见表 5-4。

表 5-4 榔头柄车削步骤

序号	加工内容	加工步骤简图	备注
1	用自定心卡盘夹住毛坯外圆，工件伸出长度为 30mm 左右（大约两个手指的宽度）		夹具：自定心卡盘 工件的装夹
2	（1）用 45°端面车刀车平端面（见光即可），端面倒角 C2 （2）用 3mm 中心钻头钻中心孔		刀具：45°端面车刀、3mm 中心钻头 车端面 钻中心孔
3	（1）一头夹一头顶对工件进行安装 （2）对刀，车外圆注意：卡盘处夹持 5mm 为宜		夹具：活顶尖、卡盘
4	（1）选用 93°外圆车刀车外圆至图样要求尺寸 ϕ10mm，并倒角 C1。 （2）注意：控制长度至 156mm	自动进给 	游标卡尺、93°外圆车刀、45°端面车刀 车外圆

（续）

序号	加工内容	加工步骤简图	备注
5	调头装夹，伸出长度为30mm左右 保证工件长度 170mm	30	自定心卡盘
6	（1）车平端面，加工螺纹长度14mm （2）车螺纹外尺寸7.85～7.95mm	14	93°外圆车刀、45°端面车刀；游标卡尺、钢直尺
7	切槽，槽宽为2mm，槽的直径为φ6.5mm	进刀	2mm切槽刀
8	倒角	倒角C1	45°端面车刀
9	加工螺纹		M8板牙，板牙套 加工螺纹细节 钻中心孔

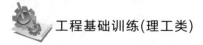

（续）

序号	加工内容	加工步骤简图	备注
10	最终产品零件图		

 思考题

1. 车床的主运动和进给运动各是什么？
2. 车床加工零件的范围有哪些？
3. 车床的常用刀具有哪些？
4. 车床安全操作规程有哪些内容？

第6章

铣刨磨加工

■ **教学重点与难点**
- 铣削、刨削、磨削加工的定义及常见加工内容
- 铣削、刨削、磨削加工的主要设备
- 铣削、刨削、磨削加工的安全操作事项

6.1　铣削加工

■ 6.1.1　铣削加工概述

铣削加工是在铣床上利用铣刀对工件进行切削加工的方法，是平面加工的主要方法之一。图 6-1 所示为铣削常见加工内容。

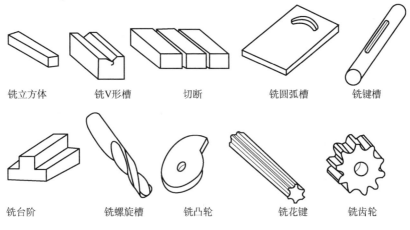

铣立方体　　　铣V形槽　　　切断　　　铣圆弧槽　　　铣键槽

铣台阶　　　铣螺旋槽　　　铣凸轮　　　铣花键　　　铣齿轮

图 6-1　铣削常见加工内容

铣削运动分为主运动和进给运动，铣削时刀具做快速的旋转运动（主运动），工件做缓慢的直线运动（进给运动），如图 6-2 所示。通常将铣削速度 v_c、进给速度 v_f、铣削深度 a_p（或铣削宽度 a_e）称为铣削用量三要素，铣削加工的精度一般可达 IT9～IT7，表面粗糙度值 Ra 一般为 6.3～1.6μm。

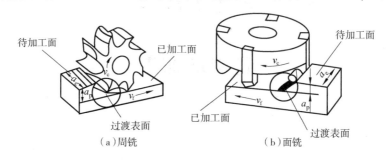

（a）周铣　　　　　　　　　　（b）面铣

图 6-2　铣削运动与铣削要素

（1）铣削速度

铣削速度即为铣刀最大直径处的线速度（m/min），可用下式表示，即

$$v_c = \pi D n \ / \ 1000$$

式中　D——铣刀切削刃上最大直径，mm；

n——铣刀每分钟的转数，r/min。

（2）进给速度（mm/min）

铣削进给速度的大小，用每分钟工件沿进给方向所移动的距离（mm/min）来表示。

（3）铣削深度和宽度

铣削深度 a_p 指平行于铣刀轴线方向上切削层的厚度。铣削宽度 a_e 是指垂直于铣刀轴线方向切削层的宽度。

铣削通常在卧式铣床和立式铣床上进行。铣床还可以进行分度工作，有时孔的钻、镗加工，也可以在铣床上进行。

6.1.2　铣床的分类

1. 卧式铣床

（1）万能卧式铣床

万能卧式铣床的主要特点是主轴与工作台平行，呈水平位置。工作台可以在水平面内左右扳转（图 6-3）。

以 XA6132 万能卧式铣床为例说明其编号内容：

X－铣床；6－卧式铣床；1－万能升降台铣床；32－工作台宽度的十分之一，即工作台宽度为 320mm。

（2）XA6132 万能卧式铣床的主要组成部分及其作用

1）床身：用来固定和支撑铣床上的所有部件，电动机、主轴变速机构等安装在它的内部。

2）横梁：横梁的上面安装吊架，用来支撑刀杆外伸的一端，以加强刀杆的刚性。横梁可沿床身的水平导轨移动，以调整其伸出的长度。

3）主轴：主轴是空心轴，前端有 7∶24 的精密锥孔，其用途是安装铣刀刀杆并带动铣刀旋转。

4）纵向工作台：纵向工作台可在导轨上纵向移动，以带动台面上的工件纵向进给。

5）横向工作台：横向工作台位于升降台上面的水平导轨上，可以带动纵向工作台一起做横向进给。

6）升降台：升降台可以使整个工作台沿床身的垂直轨道上下移动，以调整工作台台面到铣刀的距离。

2. 立式铣床

立式铣床与卧式铣床的主要区别是主轴与工作台台面相垂直，如图 6-4 所示。根据加工需求，可以将立铣头的主轴偏转一定的角度。

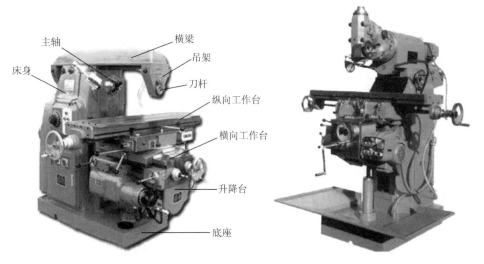

图 6-3　卧式铣床　　　　　图 6-4　立式铣床

3. 铣刀

铣刀是一种多刃刀具。在铣削时，铣刀每个切削刃在每转中只参加一次切削，因此有利于散热。铣刀在切削过程中属多刀切削，因此生产率较高。

（1）铣刀的分类

铣刀可根据装夹方法的不同分为两类：带孔铣刀和带柄铣刀。常用的带孔铣刀有圆柱铣刀、圆盘铣刀、角度铣刀、成形铣刀等，常用的带柄铣刀有立铣刀、键槽铣刀、T形槽铣刀和镶齿面铣刀等。常用的铣刀形状和用途如下：

1）圆盘铣刀（图6-5）：主要用于不同宽度的直角沟槽及小平面、台阶面等。

2）圆柱铣刀（图6-6）：主要用于铣削平面。

3）角度铣刀（图6-7）：具有各种不同的角度，用于加工各种角度的沟槽及斜面等。

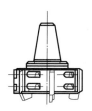 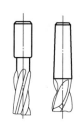 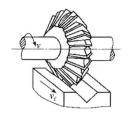

图6-5　圆盘铣刀　　　　图6-6　圆柱铣刀　　　　图6-7　角度铣刀

4）镶齿面铣刀（图6-8）：通常刀杆上装有硬质合金刀片，刀片伸出部分短，故刚性较好，可用于平面的高速铣削，生产效率高，加工表面质量好。

5）成形铣刀（图6-9）：切削刃呈凸圆弧、凹圆弧、齿槽型等，用来加工与切削刃形。

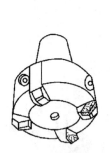 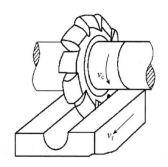

图6-8　镶齿面铣刀　　　　　　　图6-9　成形铣刀

（2）铣刀的安装

1）圆柱铣刀、圆盘铣刀和角度铣刀的安装：在卧式铣床上多使用长刀杆安装圆柱铣刀、圆盘铣刀和角度铣刀，刀杆的一端为锥体，装入机床前端的锥孔中，并用拉杆穿过主轴将刀杆拉紧。主轴的动力通过锥面和前端的键带动刀杆旋转，铣刀装在刀杆上应尽量靠近主轴的前端，以减少刀杆的变形。

2）立铣刀的安装：对于直径为3～20mm的直柄立铣刀，可用弹簧夹头装夹，弹簧夹头可装入机床主轴孔中；对于直径为10～15mm的锥柄铣刀，可利用过渡套筒装入机床主轴孔中。

3）镶齿面铣刀的安装：镶齿面铣刀一般中间带有圆孔。通常先将铣刀装在短刀轴上，再将刀轴装入机床的主轴上，并用拉杆螺钉拉紧。

6.1.3　铣床的附件及其应用

1. 回转工作台

回转工作台的内部有一套蜗轮蜗杆，摇动手轮通过蜗杆轴直接带动与转台相连接的蜗轮转动。转台周围的刻度，可以用来观察和确定转台的位置。转台中央有一孔，利用它可以方便地确定工件的回转中心，回转工作台适于较大零件的分度工作及弧面加工。图 6-10 所示为铣圆弧槽的情况，工件用压板螺柱装夹在回转工作台上，铣刀旋转，摇动手轮使回转工作台带动工件做圆周进给，从而铣出圆弧槽。

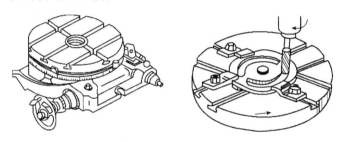

图 6-10　回转工作台

2. 万能铣头

万能铣头安装在卧式铣床上，不仅能完成各种立铣工作，而且可以根据加工的需要，把铣头主轴扳成任意角度，如图 6-11 所示。

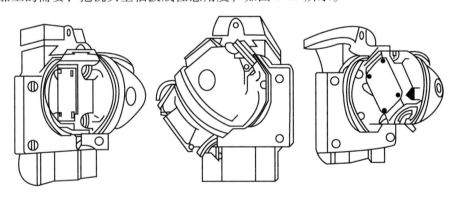

图 6-11　万能铣头

3. 分度头

在铣削加工中，常会遇到铣六方、齿轮、螺旋槽、花键和刻线等工作，这时就需要利用分度头分度，最常用的分度头是万能分度头。

万能分度头在分度头的基座上装有回转体，分度头的主轴可以随回转体转至一定的角度进行工作，如铣削斜面等。主轴的前端常装上自定心卡盘或顶尖，分度时摇动手柄，通过蜗轮蜗杆带动分度头主轴旋转进行分度，如图6-12所示。

图6-12　万能分度头

6.1.4　齿形加工方法

按加工原理不同，齿形加工方法可分为成形法和展成法两种类型。

1. 成形法铣齿

成形法是用与被切齿齿轮槽形状完全相符的成形铣刀切出齿形的方法。铣削时，工件在卧式铣床上用分度头和尾座顶尖装夹，用一定模数的盘形铣刀（或指形齿轮铣刀）切削齿槽，当加工完一个齿槽后，接着对工件分度，再继续铣削下一个齿槽，如图6-13所示。

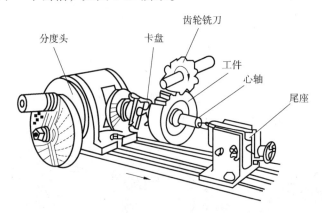

图6-13　成形法铣齿

这种方法的特点是：设备简单，刀具成本低，生产效率低，这是因为铣刀每切一个齿槽都要重复用去一段切入、切出、退刀和分度等辅助时间；加工出的齿轮精度低，这是因为铣削模数相同而齿数不同的齿轮时，所用的铣刀一般只有8把，每号铣刀有它规定的铣齿范围（见表6-1）；而每号铣刀的刀齿轮廓只与该号数范围内的最少齿数槽的理论轮廓相一致，对其他齿数的齿轮只能获得近似齿形。

表 6-1　成形铣刀刀号及加工齿数范围

刀号	1	2	3	4	5	6	7	8
加工齿数范围	12 ~ 13	14 ~ 16	17 ~ 20	21 ~ 25	26 ~ 34	35 ~ 54	55 ~ 134	135 以上及齿条

2. 展成法铣齿

展成法是利用刀具和齿轮形成展成运动，来加工齿轮，主要有滚齿和插齿。滚齿是模拟蜗杆齿轮啮合来加工的，插齿是用模拟两个齿轮啮合来加工的。滚齿用得较多，因为滚齿的滚刀的齿形是直线的，方便加工。插齿刀实质上就是一个磨有前后角并具有切削刃的齿轮，齿形是渐开线，加工起来比较不方便，但插齿能用在一些滚齿不能加工的位置上，如内齿和退刀距离过短的双联或多联齿轮。

6.1.5　铣削实训内容

1. 铣削安全须知

铣削操作中应严格遵守安全操作规程，必须做到以下几点：

（1）开机前

1）检查纵向工作台手柄是否处在停止位置，其他手柄是否处在所需位置。

2）工件刀具要夹牢，限位挡铁要锁紧。

（2）开机时

1）不准变速或做其他调整工作，不准用手摸铣刀或其他旋转部件。

2）不准度量尺寸。

3）不准离开机床做其他工作，并应站在适当的位置。

4）发现异常要立即停车检查。

2. 榔头坯料加工

榔头坯料的铣削加工步骤和内容按照表 6-2 进行。

表 6-2　铣削加工步骤和内容

加工方法	序号	简　图	操作要点
平面铣削	1		以水平定位，按照平口钳装夹方法进行装夹
	2		先按照铣平面的操作方法，铣出一水平面

(续)

加工方法	序号	简　图	操作要点
平面铣削	3	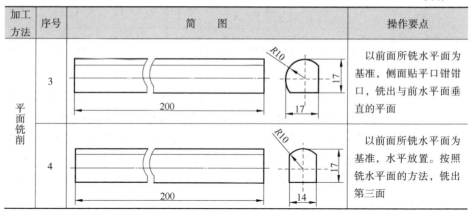	以前面所铣水平面为基准,侧面贴平口钳钳口,铣出与前水平面垂直的平面
	4		以前面所铣水平面为基准,水平放置。按照铣水平面的方法,铣出第三面

6.2　刨削加工

■6.2.1　刨削加工概述

在刨床上用刨刀加工工件的方法叫刨削,它主要用来加工平面、垂直面、台阶、直角沟槽、斜面、燕尾槽、T形槽、V形槽等,如图6-14所示。

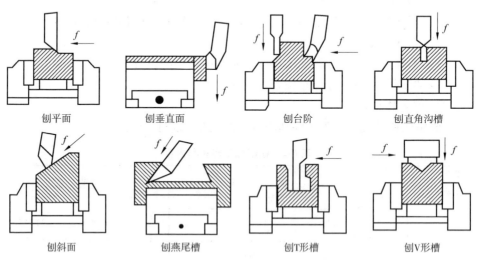

刨平面　　　　刨垂直面　　　　刨台阶　　　　刨直角沟槽

刨斜面　　　　刨燕尾槽　　　　刨T形槽　　　　刨V形槽

图6-14　刨削常见加工内容

刨削的主运动是直线往复运动。回程时刀具不切削,有空行程损失,反向时要克服惯性力,并且切削过程中有冲击现象,限制了切削速度的提高,因此刨削的生产率低，加工质量也不高，但刨刀的制造简单，刃磨方便，加工的适应性强。

刨削在单件、小件生产中和机修车间内应用比较广泛，刨削加工的精度为 IT9 ~ IT8，表面粗糙度值 Ra 为 6.3 ~ 1.6μm。

6.2.2　牛头刨床

1）本书以 BC6050 牛头刨床为例说明其编号内容，其结构如图 6-15 所示。

B—刨床类机床；

C—厂家编号；

6—组别，牛头刨床组；

0—系别，普通牛头刨床；

50—最大刨削长度的十分之一，表示最大刨削长度为 500mm。

2）牛头刨床的组成：牛头刨床由以下部件组成：

①床身：它用来支撑各部件，内部有主运动变速齿轮和摆杆机构。

②滑枕：滑枕主要用来带动刀架沿床身水平导轨做直线往复运动。

③刀架：刀架用以夹持刨刀，并使刨刀沿一定方向运动，刀架结构如图 6-16 所示。

④横梁：横梁用来带动工作台沿床身垂直导轨做升降运动，内部装有工作台的进给丝杠。

⑤工作台：工作台是用来安装工件的，通过进给机构可使其沿横梁做横向移动。

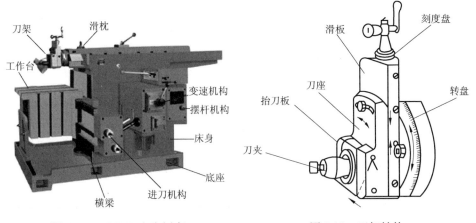

图 6-15　BC6050 牛头刨床　　　　图 6-16　刀架结构

3）刨刀的种类及其应用：刨刀往往做成弯头，这是刨刀的一个明显特点。刨刀的种类很多,按加工形式和用途不同,有各种刨刀,一般有平面刨刀、偏刀、切刀、角度刀及成形刀等。平面刨刀用来加工水平表面,偏刀用来加工垂直表面或斜面,切刀用来加工槽或切断工件,角度刀用来加工具有相互成一定角度的表面,成形刀用来加工成形表面。

6.2.3 牛头刨床的传动和调整

牛头刨床的往复直线运动(主运动)是通过摆杆机构实现的,工作台的横向间隙运动(进给运动)则是通过棘轮机构完成的。摆杆机构的作用就是将电动机传来的旋转运动变成滑枕的直线往复运动。摆杆齿轮上装有偏心滑块,并与摆杆的上端相连,当摆杆齿轮转一圈时,滑块也转一圈,从而带动摆杆绕下支点摆动。由于摆杆上端与滑枕相连,故滑枕便沿床身顶面导轨做直线往复运动,摆杆齿轮转动一周,滑枕往复一次,传动系统如图 6-17 所示。

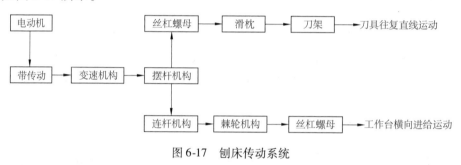

图 6-17 刨床传动系统

6.2.4 刨削加工方法

1. 刨平面

刨平面(图 6-18)的基本步骤如下:

1)正确安装工件和刨刀,将工作台调整到使刨刀刀尖略高于工件待加工面的位置,调整滑枕的行程长度和起始位置。

2)转动工作台横向走刀手柄,将工作台移至刨刀下面,开动机床,摇动刀架手柄,刨刀刀尖轻微接触工件表面。

3)转动工作台横向走刀手柄,使工件移至一侧离刀尖3~5mm处。

4)摇动刀架手柄,按选定的背吃刀量,使刨刀向下进刀。

5)转动棘轮罩和棘爪,调整好工作台的进给量和进给方向。

6)开动机床,刨削工件宽1~15mm时停车,用钢直尺或游标卡尺测量背吃刀量是否正确,确认无误后,开车将整个平面刨完。

粗刨时,用普通平面刨刀;精刨时,可用圆头精刨刀(刀尖圆弧半径)。

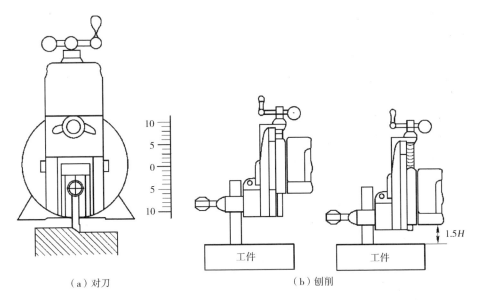

（a）对刀　　　　　　　　　　　　　　　（b）刨削

图 6-18　刨平面

应合理地选择刨削深度和进给量，以免损坏刀具和工件。

2. 刨垂直面和斜面

刨垂直面如图 6-19 所示，是用刀架垂直进给加工平面的方法，主要用于加工狭长工件的两端面或其他不能在水平位置加工的平面，加工垂直面应注意以下两点：

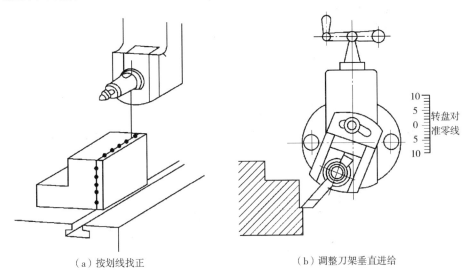

（a）按划线找正　　　　　　　　　　　（b）调整刀架垂直进给

图 6-19　刨垂直面

1）应使刀架转盘的刻线对准零线。如果刻线不准，可按图6-19a的方法找正，使刀架垂直。

2）刀座应按上端偏离加工面的方向偏转10°~15°，其目的是使刨刀在回程抬刀时离开加工表面，以减少刀具磨损。刨垂直面时常采用偏刀，切削深度由工作台横向移动来调整。为了避免刨刀回程时划伤工件已加工表面，必须将刀座偏转一定的角度。

刨斜面与刨垂直面的方法类似，只需把刀架转盘扳转一个加工要求的角度即可。例如刨削60°斜面，应使刀架转盘对准30°刻线，如图6-20所示。

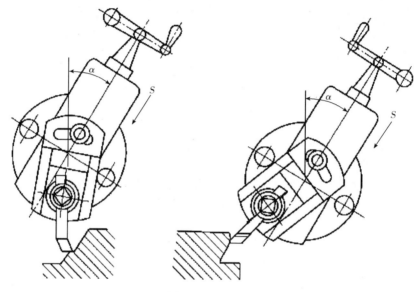

图6-20　刨斜面

3. 刨沟槽

在刨沟槽之前，应先将有关表面刨出，并划出加工线，然后再刨沟槽。

1）刨V形槽：刨V形槽是综合刨斜面和刨直槽两种方法进行的。其加工步骤如图6-21所示。

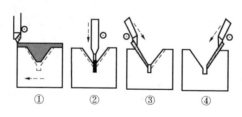

① 　　② 　　③ 　　④

图6-21　刨V形槽

2）刨 T 形槽：如图 6-22 所示，刨 T 形槽时先用切槽刀刨出直槽，再用左、右弯刀刨出凹槽，最后用 45°刨刀倒角。

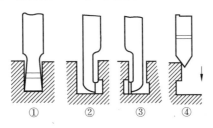

图 6-22　刨 T 形槽

3）刨燕尾槽：燕尾槽的刨削步骤如图 6-23 所示。

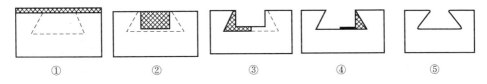

图 6-23　刨燕尾槽

6.2.5　刨削实训内容

1. 刨削安全须知

1）应在指定的机床上进行学习，其他机床、工具或电器开关等均不能乱动。

2）加工零件时，操作者应站在机床的两侧，以防工件未夹紧，受刨削力作用冲出而误伤人体，一般应使平口钳钳口与滑枕运动方向垂直。

3）在进行牛头刨床的各种调整后，必须拧紧锁紧手柄，防止所调整的部件在工作中自动移位而造成事故。

4）空载调整时，刨削速度不要调整过快，以免把门架上的垫片冲出来。如果要调整，应该关机进行。

5）在刨削进行过程中，切勿拿量具去量工件，或用手及量具扫除铁屑。

6）要确保工件夹紧及夹平。应在工件初步夹紧后用铜棒轻击工件，让工件紧靠垫铁，使工件垫平、夹紧、可靠。

2. 榔头坯料加工

榔头坯料的刨削加工步骤和内容按照表 6-3 进行。

3. 斜面加工

电焊考试件的刨削加工，毛坯尺寸及加工要求如图 6-24 所示。

表 6-3　刨削加工步骤和内容

加工方法	序号	简　图	操作要点
刨水平面	1		以水平定位，按照平口钳装夹方法进行装夹
	2		先按照铣平面的操作方法刨出一水平面
	3		以前面所刨水平面为基准，侧面贴平口钳钳口，刨出与前水平面垂直的平面
	4		以前面所刨水平面为基准，水平放置。按照刨水平面的方法，刨出第三面

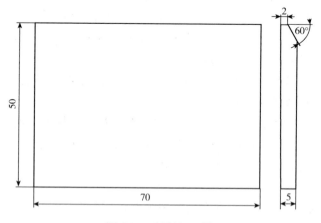

图 6-24　刨削加工图

6.3　磨削加工

6.3.1　磨削加工概述

　　磨削，即用砂轮对工件表面进行切削加工，是机器零件精密加工的主要方法之一。常见磨削加工内容如图 6-25 所示。

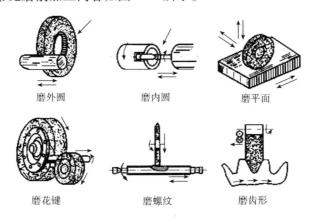

磨外圆　　　　　　　磨内圆　　　　　　　磨平面

磨花键　　　　　　　磨螺纹　　　　　　　磨齿形

图 6-25　常见磨削加工内容

　　磨削用的砂轮是由许多细小而且极硬的磨粒用结合剂粘接而成的。这些锋利的磨粒就像铣刀的切削刃一样，磨削就是依靠这些小颗粒，在砂轮的高速旋转下切入工件表面。所以磨削的实质是一种多刀多刃的超高速切削过程。

　　砂轮磨料的硬度很高，除了可以加工一般的金属材料，如碳钢、铸铁外，还可以加工一般刀具难以切削的硬度很高的材料，如淬火钢、硬质合金等。

　　磨削主要用于对零件的内外圆柱面、内外圆锥面、平面和成形表面（如螺纹、齿形、花键等）的精加工。磨削加工精度可达 IT6 ~ IT5，表面粗糙度值 Ra 一般为 0.8 ~ 0.1 μm。

6.3.2　磨床的分类、结构及工作原理

　　磨床的种类很多，常用的有外圆磨床、工具磨床、平面磨床等。

　　1. 外圆磨床

　　外圆磨床分为普通外圆磨床和万能外圆磨床，如图 6-26 所示。在普通外圆磨床上可以磨削工件的外圆柱面、外圆锥面及轴肩面；在万能外圆磨床上不仅能磨削外圆柱面和外圆锥面，而且能磨削内圆柱面、内圆锥面及端平面。

　　外圆磨床由床身、砂轮架、内磨装置、头架、尾座、工作台、横向进给

机构、液压传动装置和冷却装置等组成。在床身顶面前部的纵向导轨上装有工作台，台面上装着头架和尾座。被加工工件支撑在头架、尾座顶尖上或夹持在头架主轴的卡盘中，由头架上的传动装置带动旋转。尾座在工作台上可左右移动调整位置，以适应装夹不同长度工件的需要。工件由液压传动，沿床身导轨往复移动，进行加工。

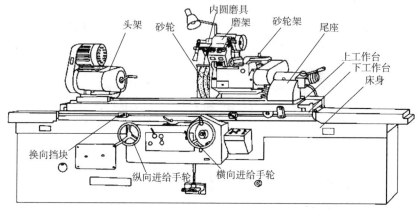

图 6-26　外圆磨床

在磨床的传动中，广泛采用液压传动，其优点是传动平稳，操作方便，并可以在较大范围内进行无级调速。磨床工作台的往复运动及砂轮架的自动径向进给与快速自动后退和趋近，一般都采用液压传动，如图 6-27 所示。

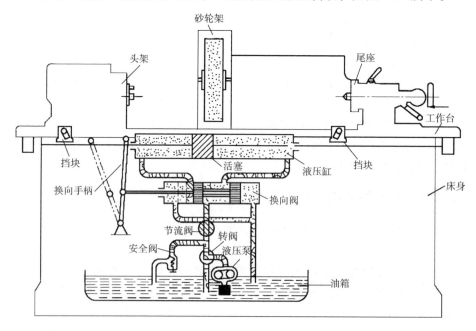

图 6-27　磨床液压传动系统

其工作过程如下：

（1）工作台向左移动

当液压泵工作时，油液从油箱经过滤油器吸入液压泵。液压泵输出的高压油经过节流阀、换向阀输入到液压缸的右腔，推动活塞带动工作台向左移动（活塞杆与工作台固定在一起）。这时液压缸左腔的油经换向阀流回油箱。

（2）工作台向右移动

当工作台向左移动至行程终点时，固定在工作台上的返向挡块便自右向左推动换向手柄，同时将换向阀活塞杆向左移至图 6-27 所示双点画线位置。高压油便从换向阀的左边流入液压缸的左腔，工作台就反向右移，液压缸右腔中的油液经换向阀右边流回油箱，从而实现了工作台周期性地纵向往复运动。工作台运动速度的调节，是通过节流阀控制高压油进入液压缸的流量来实现的，通过调整工作台上两个返向挡块间的距离，可以改变工作台的行程长度。

2. 平面磨床

平面磨床（图 6-28）用砂轮的圆周面进行磨削。工作台上装有电磁吸盘，用来装夹工件，其纵向往复运动由液压传动来实现，磨头沿拖板的水平导轨做横向进给运动，这可由液压驱动或手轮操纵。拖板可沿立柱做垂直进给运动，这一运动是通过转动垂直进给手轮来实现的。

3. 工具磨床

工具磨床（图 6-29）是利用磨具对工件表面进行磨削加工的机床。

工具磨床适用于刃磨各种中小型工具，如铰刀、丝锥、麻花钻头、扩孔钻头、各种铣刀、铣刀头、插齿刀等。与相应的附具配合，可以磨外圆、内圆和平面，还可以磨制样板、模具。采用金刚石砂轮，可以刃磨各种硬质合金刀具。

图 6-28　平面磨床

图 6-29　工具磨床

4. 砂轮

砂轮是磨削的切削工具，它是由许多细小而坚硬的磨料用结合剂粘结而成的多孔物体，经压坯、干燥和焙烧而制成的。疏松体磨料、结合剂和气孔是构成砂轮的三要素。

随着磨料、结合剂及砂轮制造工艺等的不同，砂轮的特性可以差别很大，从而对切削加工精度、表面粗糙度和生产率有着重要的影响。

■ 6.3.3 砂轮的特性及种类

砂轮是磨削的主要工具，它是由磨料和结合剂构成的多孔物体。其中磨料、结合剂和孔隙是砂轮的三个基本组成要素。随着磨料、结合剂及砂轮制造工艺等的不同，砂轮特性可能差别很大，对磨削加工的精度、粗糙度和生产效率有着重要的影响。因此，必须根据具体条件选用合适的砂轮。

砂轮的特性由磨料、粒度、硬度、结合剂、形状及尺寸等因素来决定，现分别介绍如下。

1. 磨料及其选择

磨料是制造砂轮的主要原料，它担负着切削工作。因此，磨料必须锋利，并具备高的硬度、良好的耐热性和一定的韧性。常用磨料的名称、代号、特性和用途见表6-4。

表6-4　常用磨料（摘自 GB/T 2476—2016 和 GBT 23536—2009）

类别	名称	代号	特性	用途
刚玉系列	棕刚玉	A	含 91～96% 氧化铝。棕色，硬度高，韧性好，价格便宜	磨削碳钢、合金钢、可锻铸铁、硬青铜等
	白刚玉	WA	含 97～99% 的氧化铝。白色，比棕刚玉硬度高、韧性低，自锐性好，磨削时发热少	精磨淬火钢、高碳钢、高速钢及薄壁零件
碳化物系列	黑色碳化硅	C	含95%以上的碳化硅。呈黑色或深蓝色，有光泽。硬度比白刚玉高，性脆而锋利，导热性和导电性良好	磨削铸铁。黄铜、铝、耐火材料及非金属材料
	绿色碳化硅	GC	含97%以上的碳化硅。呈绿色，硬度和脆性比 TH 更高，导热性和导电性好	磨削硬质合金、光学玻璃、宝石、玉石、陶瓷、珩磨发动机气缸套等
超硬磨料系列	人造金刚石	D	无色透明或淡黄色、黄绿色、黑色。硬度高，比天然金刚石性脆。价格比其它磨料贵好多倍	磨削硬质合金、宝石等高硬度材料
	立方氮化硼	CBN	立方型晶体结构，硬度略低于金刚石，强度较高，导热性能好	磨削、研磨、珩磨各种既硬又韧的淬火钢和高钼、高矾、高钴钢、不锈钢

2. 粒度及其选择

粒度指磨料颗料的大小。粒度分磨粒与微粉两组。磨粒用筛选法分类，它的粒度号以筛网上一英寸长度内的孔眼数来表示。例如 60# 粒度的的磨粒，说明能通过每英寸长有 60 个孔眼的筛网，而不能通过每英寸 70 个孔眼的筛网。微粉用显微测量法分类，它的粒度号以磨料的实际尺寸来表示（W）。各种粒度号的磨粒尺寸见表 6-5。

表6-5　磨料粒度号及其颗粒尺寸

磨　粒		磨　粒		微　粉	
粒度号	颗粒尺寸（mm）	粒度号	颗粒尺寸（mm）	粒度号	颗粒尺寸（mm）
14#	1600～1250	70#	250～200	W40	40～28
16#	1250～1000	80#	200～160	W28	28～20
20#	1000～800	100#	160～125	W20	20～14
24#	800～630	120#	125～100	W14	14～10
30#	630～500	150#	100～80	W10	10～7
36#	500～400	180#	80～63	W7	7～5
46#	400～315	240#	63～50	W5	5～3.5
60#	315～250	280#	50～40	W3.5	3.5～2.5

磨料粒度的选择，主要与加工表面粗糙度和生产率有关。粗磨时，磨削余量大，要求的表面粗糙度值较大，应选用较粗的磨粒。因为磨粒粗、气孔大，磨削深度可较大，砂轮不易堵塞和发热。精磨时，余量较小，要求粗糙度值较低，可选取较细磨粒。一般来说，磨粒愈细，磨削表面粗糙度愈好。

3. 结合剂及其选择

砂轮中用以粘结磨料的物质称结合剂。砂轮的强度、抗冲击性、耐热性及抗腐蚀能力主要由结合剂的性能决定。常用的结合剂种类、性能及用途见表 6-6。

表6-6　常用结合剂

名称	代号	性　能	用　途
陶瓷结合剂	V	耐水、耐油、耐酸、耐碱的腐蚀，能保持正确的几何形状。气孔率大，磨削率高，强度较大，韧性、弹性、抗振性差，不能承受侧向力	V 轮 <35m/s 的磨削，这种结合剂应用最广，能制成各种磨具，适用于成形磨削和磨螺纹、齿轮、曲轴等

（续）

名称	代号	性　能	用　途
树脂结合剂	B	强度大并富有弹性，不怕冲击，能在高速下工作。有摩擦抛光作用，但坚固性和耐热性比陶瓷结合剂差，不耐酸、碱，气孔率小，易堵塞	V 轮 >50m/s 的高速磨削，能制成薄片砂轮磨槽，刃磨刀具前刀面。高精度磨削。湿磨时切削液中含碱量应 <1.5%
橡胶结合剂	R	弹性比树脂结合剂更大差，强度也大。气孔率小，磨粒容易脱落，耐热性差，不耐油，不耐酸，而且还有臭味	制造磨削轴承沟道的砂轮和无心磨削砂轮、导轮以及各种开槽和切割用的薄片砂轮，制成柔软抛光砂轮等
金属结合剂（青铜、电镀镍）	J	韧性、成型性好，强度大，自锐性能差	制造各种金刚石磨具，使用寿命长

4. 硬度及其选择

砂轮的硬度是指砂轮表面上的磨粒在磨削力作用下脱落的难易程度。砂轮的硬度软，表示砂轮的磨粒容易脱落，砂轮的硬度硬，表示磨粒较难脱落。砂轮的硬度和磨料的硬度是两个不同的概念。同一种磨料可以做成不同硬度的砂轮，它主要决定于结合剂的性能、数量以及砂轮制造的工艺。磨削与切削的显著差别是砂轮具有"自锐性"，选择砂轮的硬度，实际上就是选择砂轮的自锐性，希望还锋利的磨粒不要太早脱落，也不要磨钝了还不脱落。

根据规定，常用砂轮的硬度等级见表 6-7 所示。

表 6-7　常用砂轮硬度等级

硬度等级	大级	软			中软		中		中硬			硬	
	小级	软1	软2	软3	中软1	中软2	中1	中2	中硬1	中硬2	中硬3	硬1	硬2
代号		G	H	J	K	L	M	N	P	Q	R	S	T

选择砂轮硬度的一般原则是：加工软金属时，为了使磨料不致过早脱落，则选用硬砂轮。加工硬金属时，为了能及时的使磨钝的磨粒脱落，从而露出具有尖锐棱角的新磨粒（即自锐性），选用软砂轮。前者是因为在磨削软材料时，砂轮的工作磨粒磨损很慢，不需要太早的脱离；后者是因为在磨削硬材料时，砂轮的工作磨粒磨损较快，需要较快的更新。

精磨时，为了保证磨削精度和粗糙度，应选用稍硬的砂轮。工件材料的导热性差，易产生烧伤和裂纹时（如磨硬质合金等），选用的砂轮应软一些。

▌6.3.4　砂轮的安装、检查与调整

为了使砂轮平稳地工作，一般直径大于 125mm 的砂轮使用前都应进行静平衡试验。砂轮工作一定时间以后，磨粒逐渐磨钝，砂轮表面空隙被磨屑、脏物堵塞或外形失真，这时须对砂轮进行修整。特别在精磨时，修整砂轮要使磨粒在圆周上等高一致，并具有锐利的刃锋和微刃，这是磨出小表面粗糙度值和避免工件表面烧伤、裂纹的主要措施。

砂轮因在高速下工作，因此安装前要根据敲击的响声来检查砂轮有无裂纹，以防高速旋转时砂轮破裂。安装砂轮时，砂轮应不松不紧地套在轴上。在砂轮和法兰盘之间垫上 1~2mm 厚的弹性垫片（皮革或耐油橡胶所制），如图 6-30 所示。

为了使砂轮工作平稳，砂轮须经静平衡试验，如图 6-31 所示。

将砂轮平衡地装在心轴上，再放到平衡架的导轨上。如果不平衡，可移动法兰盘端面环形槽内的平衡块进行平衡，直到砂轮可以在导轨上任意位置都能静止，这种平衡称为静平衡。

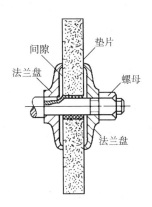

图 6-30　砂轮的机械夹固

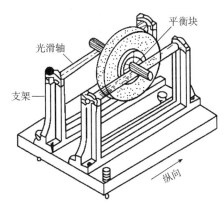

图 6-31　砂轮的静平衡试验

▌6.3.5　磨削加工方法

1. 外圆磨削

（1）工件的安装

磨削轴类零件时常用顶尖安装（图 6-32），但磨床所用的顶尖是不随工件一起转动的，这样可以提高加工精度，避免顶尖转动带来的误差。磨削短工件的外圆时，可用自定心卡盘或单动卡盘装夹工件。用单动卡盘装夹工件时，要用百分表找正。盘套类空心工件常安装在心轴上磨削外圆。

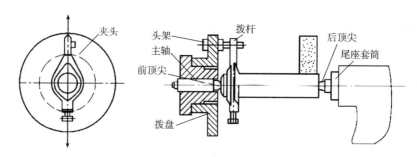

图 6-32　顶尖安装

（2）磨削方法

磨削外圆常用的方法有纵磨法和横磨法两种。

1）纵磨法，磨削时工件旋转（圆周进给），并与工作台一起做纵向往复运动（纵向进给），每当一次纵向行程（单行程或双行程）结束时，砂轮做一次横向进给运动（磨削深度）。每次磨削深度很小，一般在 0.005~0.05mm 范围内。磨削余量要在多次往复行程中磨去。当工件加工到接近最终尺寸时，采用几次无横向进给的光磨行程，直到磨削的火花消失为止，以提高工件的表面质量。这种方法在单件、小批量生产及精磨时得到了广泛的应用。

2）横磨法，又称切入磨削法。磨削时工件无纵向进给运动，而砂轮以很慢的速度连续地向工件做横向进给运动，直至磨去全部余量为止。横磨法适于在大批量生产中磨削长度较短的工件和阶梯轴的轴颈。

为了提高磨削质量和生产率，可对工件先采用横磨法分段粗磨，然后将留下的 0.1~0.3mm 余量再用纵磨法磨去，这种方法称为综合磨法。

2. 平面磨削

（1）工件的装夹

磨削中、小型工件的平面，常采用电磁吸盘工作台吸住工件。当磨削键、垫圈、薄壁套等尺寸小而面壁较薄的零件时，由于零件与工作台接触面积小，吸力弱，容易被磨削力弹出而造成事故，因此在工件四周或两端用挡板围住，以防工件移动。

（2）磨削方法

平面磨削的方法有两种：一种是砂轮的圆周面磨削，叫周磨法；另一种是用砂轮的端面磨削，叫端磨法。用周磨法磨削平面时，砂轮与工件的接触面积小，排屑和冷却条件好，工件发热变形小，所以能获得较高的加工质量，但磨削效率低，适用于精磨。端磨法的特点与周磨法相反。端磨时由于砂轮轴伸出较短，刚性较好，能采用较大的磨削用量，故磨削效率较高，但磨削精度较低，适用于粗磨，如图 6-33 所示。

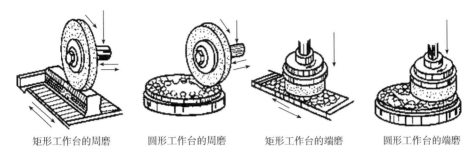

矩形工作台的周磨 圆形工作台的周磨 矩形工作台的端磨 圆形工作台的端磨

图 6-33 周磨法与端磨法

6.3.6 磨削实训内容

1. 磨削安全须知

（1）开机前

1）检查各手柄是否处在停止位置，检查前后顶尖是否顶入中心孔内。

2）工件要夹紧，挡铁要锁紧。

（2）开机时

1）启动砂轮要点动，对接触点要仔细，不能突然进给过大。

2）操作者应站在机床右边，预防工件、砂轮碎片飞出伤人。

3）不准开机调整机床，不得开机测量尺寸。

4）不准离开机床做其他工作，不准用手触摸旋转的砂轮或工件。

（3）关机后

工作台应停在床身中间位置，砂轮架停在工作台后部，并擦洗干净。

2. 磨削制作过程

（1）榔头柄外圆磨削（图 6-34）

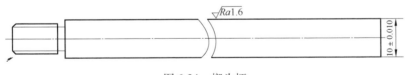

图 6-34 榔头柄

（2）鸭嘴锤平面磨削（图 6-35）

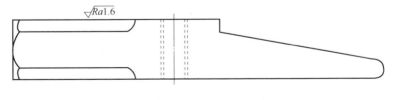

图 6-35 鸭嘴锤

思考题

1. 什么是铣削加工？铣削加工的常见内容有哪些？
2. 铣削用量三要素是哪几点？
3. 万能卧式铣床的主要组成部分有哪些？
4. 什么是刨削加工？刨削加工的常见加工内容有哪些？
5. 牛头刨床的主要组成部分有哪些？
6. 什么是磨削加工？磨削加工的常见加工内容有哪些？
7. 外圆磨床由哪些部分组成？

第7章

现 场 急 救

教学重点与难点

- 现场急救原则
- 火场逃生应急方法
- 车辆落水自救方法
- 徒手心肺复苏的步骤、方法、注意事项
- 徒手心肺复苏的有效指标与终止复苏的条件

7.1 概　　述

现场急救是指在现场对威胁人体生命安全的各类事故、意外灾害、中毒和各种急症等所采取的一种应急救援和紧急救护措施，以挽救自己或伤病员、受害者的生命，为做进一步的抢救检查和治疗争取时间。

7.1.1 现场急救原则

1. 迅速采取措施，防止事态进一步扩大

发生伤亡或意外伤害后 4～6min 是紧急抢救的关键时刻，失去这段宝贵时间，伤（病）员或受害者的伤势会急剧变化，甚至死亡。所以要争分夺秒地进行抢救，冷静科学地进行紧急处理。发生重大、恶性或意外事故后，当时在现场或赶到现场的人员要立即进行紧急呼救，立即向有关部门拨打呼救电话，讲清事发地点、简要概况和紧急救援内容，同时要迅速了解事故或现场情况，机智、果断、迅速和因地制宜地采取有效应急措施和安全对策，防止事故、事态和当事人伤害的进一步扩大。

2. 防止二次事故和次生事故

当事故或灾害现场十分危险或危急，伤亡或灾情可能会进一步扩大时，要及时稳妥地帮助伤（病）员或受害者脱离危险区域或危险源，在紧急救援或急救过程中，要防止发生二次事故或次生事故，并要采取措施确保急救人员自身和伤（病）员或受害者的安全。

3. 积极进行院前急救

要正确、迅速地检查伤（病）员、受害者的情况，如发现心跳呼吸停止，要立即进行人工呼吸、心脏按压，一直坚持到医生到来。如伤（病）员和受害者出现大出血，要立即进行止血。如发生骨折，要设法进行固定。医生到达现场后，要简要反映伤（病）员的情况、急救过程和采取的措施，并协助医生继续进行抢救。

4. 及时进行必要、全面细致的检查

对伤（病）员或受害者的检查要细致、全面，特别是当伤（病）员或受害者暂时没有生命危险时，要再次进行检查，不能粗心大意，防止临阵慌乱、疏忽漏项。对头部受伤的人员，要注意跟踪观察和对症处理。在给伤员急救处理之前，首先必须了解伤员受伤的部位和伤势，观察伤情的变化。

（1）心跳检查

正常人每分钟心跳为 60～80 次，严重创伤，失血过多的伤员，心跳增快，且力量较弱，脉细而快。

（2）呼吸检查

正常人每分钟呼吸数为 16～18 次，危重伤员，呼吸变快、变浅、不规则。通过观察伤员胸廓起伏可知有无呼吸。若有呼吸但极其微弱，不易看到胸廓明显的起伏，可以用一小片棉花或薄纸片、较轻的小树叶等放在伤员鼻孔旁，看这些物体是否随呼吸飘动。

（3）瞳孔检查

正常人两眼的瞳孔等大、等圆，遇光线能迅速收缩。受到严重伤害的伤员，两瞳孔大小不一，可能缩小或放大，用电筒光线刺激时，瞳孔不收缩或收缩迟钝。当其瞳孔逐步散大，固定不动，对光的反应消失时，表示伤员将陷于死亡。

■7.1.2 报警方式和报警电话

1. 火警电话 119

发生火灾或火情后，要迅速拨打火警电话，报警时拨打 119，讲清着火单位、着火部位、着火地址及着火物资、火情状况、报警人姓名及报警电话或手机号码。

2. 报警中心 110

遭遇坏人伤害、滋扰或发生盗窃时，要迅速拨打匪警电话 110。拨通电话后，讲清报警人姓名、发生地点、报警人电话或手机号码，然后简要报告案情，包括犯罪嫌疑人的面貌、衣着特征、人数、逃跑方向等，尽量多提供现场线索，以便公安机关查处。

3. 急救电话 120

无论在什么时候、什么地方发现危重病人或意外事故，都可拨打急救电话 120，通话要讲清伤员的姓名、年龄、状况；若神志不清、昏迷、大出血、呼吸困难，要讲清其出现的时间、过程、过去病史；讲清电话号码、详细地址以及等待救护车的确切地点。意外灾害事故还要讲清灾害性质、受伤人数、伤害原因等情况。

7.2　火灾逃生自救

火是一种自然现象，与我们的生活密切相关。火灾，大多是一种人为灾害，是威胁人类安全的主要灾害。在大学校园里，火灾也是威胁师生安全的重要因素。据有关统计资料表明，大学校园火灾比盗窃造成的经济损失高出几十倍。在我国 1000 多所全日制高校中，从未发生过火灾的学校几乎没有。至于发生在学生宿舍的因吸烟、用电、蜡烛照明等引起的小型火灾烧毁衣物、图书，甚至伤及生命的事例更是屡见不鲜。

大学生是国家的未来和希望。保护国家、人民和公共利益的安全，保护自身和他人的安全，是每个人的权利和义务。学习防火知识，掌握灭火的原理和常识，对于维护国家、学校和学生个人的安全，是十分必要和有益的。

■ 7.2.1　灭火的基本原理和方法

燃烧必须具备可燃物、助燃物和火源三个条件，缺一不可。根据这个原理，灭火的基本方法有四种：第一，隔离和疏散可燃物质；第二，减少空气中氧的含量；第三，降低燃烧物质的温度；第四，使用灭火剂参与到燃烧反应过程中去，使燃烧反应终止。面对火灾，采取哪种方法，需要根据火场的实际情况而定。

1. 隔离法

隔离法就是将着火的地方或物体与其周围的可燃物隔离或移开，燃烧就会因缺少可燃物质而停止。实际运用时，可将靠近火源的可燃、易燃和助燃的物品搬走；把着火的物件转移到安全的地方；关闭可燃气体、液体管道的阀门，减少和中止可燃物质进入燃烧区域；拆除与燃烧物毗连的易燃建筑物等。

2. 窒息法

窒息法就是阻止空气流入燃烧区域或用不燃烧的物质冲淡空气,使燃烧物因得不到足够的氧气而熄灭。实际运用时,可用湿棉被、黄沙、泡沫等不燃或难燃物质覆盖在燃烧物体上;用水蒸气或二氧化碳等惰性气体灌注容器设备、密闭起火的建筑、设备的通气孔洞、门窗;用不燃的气体或液体驱赶或冲淡空气,使之因得不到新鲜的空气而窒息等。

3. 冷却法

冷却法就是将灭火剂直接喷射到燃烧物体上,以降低燃烧物体的温度。当燃烧物的温度降低到该物的燃点以下时,燃烧就会停止。或者将灭火剂喷洒在火源附近的物体上,使其不受或减少火焰辐射热的影响,避免形成新的火点。冷却法是灭火的常用方法,主要是用水或二氧化碳冷却降温,将燃烧物温度降到燃点以下,促其自行熄灭。水和二氧化碳在灭火过程中,不参加化学反应,属于物理灭火。

4. 抑制法

抑制法就是使灭火剂参与到燃烧反应的过程中去,使燃烧过程产生的游离基消失,形成稳定分子或低活性的游离基,使燃烧反应终止。这就是我们常说的化学中断法,常用含氟、溴的化学灭火剂(1211)喷向火焰,使游离基的连锁反应中断,燃烧无法继续进行,达到灭火的目的。

上述四种灭火方法,我们要针对具体情况灵活运用,对于各种环境中的不同性质的火灾,扑救的方法也各不相同。有时只用一种方法就能扑灭,有时为了及时扑灭火灾,需要同时使用几种方法。如在扑灭石油罐火灾时,既要用泡沫覆盖油面,又要用水冷却罐壁等措施,尽可能及时扑灭,把损失降到最低点。

5. 常用灭火器适用范围

常用的灭火器种类和适用范围见表7-1。

表7-1　常用的灭火器及其适用范围

灭火器种类	适用范围
干粉灭火器	油类及其产品、可燃气体和电器设备初起火灾
二氧化碳灭火器	600V 以下带电电器、贵重设备、仪器仪表、图书资料初起火灾
泡沫灭火器	油类、木材、纸张、棉麻等。不能用于水溶性可燃液体、电器设备、金属及遇水燃烧物

7.2.2　火灾逃生自救常识

1. 火灾报警

火灾初起阶段，一般燃烧面积小，火势较弱，在场人员如能采取正确的方法，就能迅速将火扑灭。70% 以上的火灾都是扑灭在初起阶段。火灾发生后，在场人员应立即进行扑救并同时报警。报警分为两个方面：一是向周围人员、管理人员报警，其目的是让所有可能受到火灾威胁的人清楚自己的处境并积极参与灭火或随时疏散；二是向学校公安保卫组织、校卫队报警，火势较大且有条件的可以直接向公安消防部门报警。同学们平时应记住学院保卫处的电话号码，特别要记住火警电话 119。

2. 火场逃生的应急方法

1）发现起火要早报警，报警越早，损失就越小。

2）发现着火后，要先救人后救火。

3）在离开着火现场时，要沉着冷静，有序安全地撤离，不可争抢拥挤，阻塞通道，自相践踏。

4）邻室起火，切勿开门，防止热气浓烟进入。

5）平时对所在场所要看清并记住两条以上不同方向的逃生路线。

6）躲避烟火时不要躲在阁楼、床底下或衣橱内。

7）火势不大时要当机立断，披上浸湿的衣服或裹上湿毛毯等勇敢地往外冲。

8）不要留恋财物，尽快逃出火场。

9）在浓烟中避难逃生，要尽量放低身体，并用湿毛巾捂住口鼻。

10）如果身上着火，不可奔跑，要就地打滚压灭身上火焰，或跳入附近水池中。

11）不要盲目跳楼，可用绳子或床单撕成条状连接起来，紧拴在门窗档、管道上，迅速顺势下滑。

12）要充分利用建筑物的窗口、阳台、落水管等物体进行逃生自救。

13）如被火围困在楼内，可向室外扔抛物品，夜间还可打手电光等向外发出求救信号。

14）若逃生路线被烟火封堵，应当即退回室内，关好门窗，堵住缝隙，向上浇水，并发出求救信号。

15）如无条件采取上述自救方法，而时间又十分紧迫，烟火威胁严重，被迫跳楼时，可先向地面抛下一些棉被等物，以增加缓冲；然后手扶窗台往下滑，以缩小跳落高度，并保证双脚首先落地。

3. 火场逃生注意要点

（1）逃生路径的选择

朝自己熟悉的地方或朝原路逃生；从日常最常用的楼梯或出口逃生；向有光亮的方向逃生；向开阔或空间较大的方向逃生；向最先进入视线或最近的方向逃生；理智冷静，分析险情，安全撤离，不可跳楼。

（2）熟悉环境

平常要养成细心观察的习惯。对自己所处的环境，要弄清其出口的位置、数量，留心太平门、避难间层、安全出口的位置，报警器、灭火器的位置，做到训练有素，防灾有招，一旦遇到发生火灾危险的情况，能有备无患，顺利逃生，保住性命。

（3）采取防烟措施

在火灾中逃生常用的防烟措施是用干、湿毛巾捂住口鼻。用干毛巾可折叠多层，效果更好。用湿毛巾除烟效果更佳。但当毛巾含水量超过它本身重量的 2.5 倍时，会由于毛巾的织线因过湿而变细，空隙增大，除烟效果反而不如干毛巾。

（4）迅速撤离火场

疏散逃离火灾现场时，一定要沉着冷静，不可慌乱和过分紧张，要稳定情绪，选择一条比较安全的逃生路线。如经常使用的门窗、走廊、楼梯、太平门、出口等。在打开门窗之前，必须先摸摸门窗是否发热，如果发热，不可贸然打开，防止引火烧身，而要迅速另选其他逃生路径。如果不发热，也只能小心地打开少许，并迅速通过，然后迅速关闭。当实在无法辨别方向时，应该先向远离烟火的方向疏散，尽量不向楼上撤离，因为烟气在楼内垂直上升的速度是每秒 3 ~ 5m，而人上楼的速度为每秒 0.5m。在撤离时缩短停留时间，就多一份生存的希望。逃生要动作迅速，切不可寻找物品，留恋钱财而延误时间。逃生时，不要向狭窄的角落退避。在通过浓烟区时，要尽量以低姿势或匍匐姿势快速前进。如果身上衣服着火，应迅速将衣服脱下，就地打滚，将火扑灭。注意不要翻滚过快，更不要身上着火后奔跑。火场上不要轻易乘坐普通电梯。因为发生火灾后常常会断电，而且电梯口直通各楼层，烟气涌入后易形成"烟囱效应"，人在电梯内会被浓烟毒气熏呛而窒息。

（5）紧急避难

暂时性避难有可能度过危险。建筑物中多设置有避难间。避难间常设于电梯、楼梯、卫生间附近，以及袋形走廊末端。火灾中在短时间内无法迅速撤离时，可暂时在避难间寻求避护，躲过危险。如果建筑物内没有避难间，或通道被烟火阻挡，可找一间烟雾不大的房间，关闭门窗，用湿布等物塞堵门窗缝隙，暂时避险。

4. 楼梯脱险方法

楼梯一旦着火，人们往往会惊慌失措。尤其是居住在上层的人，更是急得不知如何是好。一旦发生这种火灾要临危不惧，首先要稳定自己的情绪，保持清醒的头脑，想办法就地灭火，如用水浇、用湿棉被覆盖等。如果不能马上扑灭，火势会越烧越旺，人就有被火围困的危险，这时应该设法脱险。有时房内着火，楼梯尚未燃烧，但浓烟往往朝楼梯间弥漫，这时楼上的人容易产生错觉，认为楼梯已被切断，没有了退路。其实大多数情况下楼梯并未燃烧，完全可以设法夺路而出。如果被烟呛得透不过气来，可用湿毛巾捂住嘴鼻，贴近墙壁逃走。即使楼梯被火焰封住了，在别无出路时，也可用湿棉被等物作为掩护及早冲出去。如果楼梯确已被火烧断，似乎身临绝境，也应冷静地想一想，是否还有别的楼梯可走，是否可以从屋顶或阳台上转移，是否可以借用水管、竹竿或绳子等滑向地面，可不可以进行逐级跳跃而下等。只要多动脑筋，一般还是可以获救的。如果有小孩、老人、病人等被围困在楼上，更应及早抢救，如用被子毛毯、棉袄等物包扎好。有绳子用绳子，没有绳子用撕成条的被单结成绳子下滑等。呼救也是一种主要的解救办法，当被火围困人员没有办法出来时，可用呼叫向消防队员发出求救信号。

5. 常用火灾自救工具

图 7-1 为常用自救工具。

（a）安全逃生装备　　　　　　　　　（b）安全绳

图 7-1　常用自救工具

7.3　水灾逃生自救

水灾发生时，来势迅猛，成灾快速，破坏性强，危害严重，极易造成人员伤亡，并往往伴生滑坡、崩塌、泥石流等地质灾害，造成河流改道、公路中断、耕地冲淹、房屋倒塌、人畜伤亡等。如何在水灾逃生自救，在洪水发生时如何有效保护生命安全，就是我们这节所要讨论的问题。

7.3.1 洪水的预防

1. 预防水灾的常识

对于洪水，由于其具备较强的突发性，预防意义更为重要。

1）严重的水灾通常发生在河流、沿海地带以及低洼地带。如果住在这些地方，当有连续暴雨或大暴雨时，必须格外小心，应注意收听气象台的洪水警报，要时刻观察房屋周围的溪河水位变化和山体有无异常。特别是晚上，更应十分警觉，随时做好安全转移的准备，选择最佳路线和目的地撤离。

2）接到洪水预报时，应备足食品、衣物、饮用水、生活日用品和必要的医疗用品，妥善安置家庭贵重物品，也可将不便携带的贵重物品做好防水捆扎后埋入地下或放到高处，票款、首饰等小件贵重物品可缝在衣服内随身携带。

3）根据当地电视、广播等媒体提供的洪水信息，结合自己所处的位置和条件，冷静地选择最佳路线撤离，避免出现"人未走水先到"的被动局面。扎制木排、竹排，搜集木盆、木材、大件泡沫塑料等适合漂浮的材料，加工成救生装置以备急需。

4）保存好尚能使用的通信设备。收集手电、口哨、镜子、打火机、色彩艳丽的衣服等可作为信号用的物品，做好被救援的准备。

5）认清路标，明确撤离的路线和目的地，避免因为惊慌而走错路。备足速食食品或蒸煮够食用几天的食品，准备足够的饮用水和日用品。

2. 洪水到来时的自救

如洪水来势汹涌，来不及转移，可采取以下紧急自救手段：

1）洪水到来时，来不及转移的人员，要就近迅速向山坡、高地、楼房、避洪台等地转移，或者立即爬上屋顶、楼房高层、大树、高墙等高的地方暂避。

2）如洪水继续上涨，暂避的地方已难自保，则要充分利用准备好的救生器材逃生，或者迅速找一些门板、桌椅、木床、大块的泡沫塑料等能漂浮的材料扎成筏逃生。

3）如果已被洪水包围，要设法尽快与当地防汛部门取得联系，报告自己的方位和险情，积极寻求救援。注意：千万不要游泳逃生，不可攀爬带电的电线杆、铁塔，也不要爬到泥坯房的屋顶。

4）如已被卷入洪水中，一定要尽可能抓住固定的或能漂浮的东西，寻找机会逃生。发现高压线铁塔倾斜或者电线断头下垂时，一定要迅速远避，防止直接触电或因地面"跨步电压"触电。

3. 雨中行人安全防御

行人路上突遇暴雨，应按以下方法防御：

1）途中遇到暴雨，应尽量不再赶路，并尽快到地势较高的建筑物中暂时避雨。不要在涵洞、立交桥低洼区、较高的墙体、树木下避雨。避开灯杆、电线杆、变压器及附近的树木等有可能导电的设施。

2）注意路边的防汛安全警示标志，不要靠近路沿石行走，以免塌陷。骑自行车注意观察路况，缓慢骑行，遇见情况早下车，尽量避开有积水的路面。

3）乘坐电车时注意车辆进站后，开启车门前切勿与车身发生接触。如乘坐时发现车辆漏电，应原地不动，待驾驶人断电后有序下车，下车时应双脚同时落地。

4. 遭遇暴雨，在雨中停车避险

1）车辆如果误入水深超过排气管积水区，应低档行驶，提高发动机转速，稳定加速踏板，保持行车速度。过水后，要注意检查制动性能是否有效。

2）车辆进水熄火后，切勿试图启动发动机，应下车设法将车推到安全地带。此外，停车避险时，千万不要打开车内空调。

3）如果车辆门窗均为电控开闭，且驾驶人力气小，首先应尽量避免落水为上。如不幸落水，要观察周围形式，如果汛情紧急，应果断下车，万不可逗留在车内。

5. 车辆落水自救方法

1）车辆落水后，根据车辆密封情况的不同，下沉的速度也不同。但是一般情况下，最多也就是几分钟。所有的求生措施都要在这几分钟内完成，因此速度是最关键的。

2）当车辆落水后，先不要惊慌失措，应第一时间将车窗摇下，尝试车门是否能够打开。如果可以打开车门，就要迅速逃离。

3）如果车门已经无法打开了，那么就要尝试将车窗迅速摇下，手动车窗很好实现，电动车窗在未断电时是可以实现的，如果熄火或者短路，车窗就无法摇下了。打开车窗的目的是让水进入到车内，使得车内外水压保持一致，车门就可以轻松地打开。如果车门受损或者无法开启，也可以迅速从车窗逃生。

4）如果车窗和车门都没法正常开启或者摇下，那么只有破坏车窗来进行逃生，在车内尽可能地找到一些尖锐物品用力砸车窗，如常备求生工具安全锤等，建议将求生工具放置在随手可以够到的地方。

5）在砸车窗之前一定要系紧安全带，因为在砸完车窗后，水会大量地涌入，人会被巨大的水流冲离逃生出口，因此一定要使用安全带将自己固定在座位上。待水进入到车内，到车内外的水平面持平后，快速解开安全带，这时车门已经可以打开，迅速逃离车辆。如果车还没有完全沉入水中，车头会沉得比较快，这时驾驶室内还有一部分空间没有浸没，待车内外水平面持平后，开启车门逃生风险比较小。但如果车已经完全没入水中，那么逃生时间估计也就不到1min，憋足一口气尝试开启车门，如果无法打开车门，立即选择从车窗逃出。

7.4 地震逃生自救

地震又称地动，是地壳快速释放能量过程中造成振动，期间会产生地震波的一种自然现象。全球每年发生地震约550万次。地震常常造成严重人员伤亡，能引起火灾、水灾、有毒气体泄漏、细菌及放射性物质扩散，还可能造成海啸、滑坡、崩塌、地裂缝等次生灾害。

7.4.1 地震逃生九大要点

1. 躲在桌子等坚固家具的下面

大的晃动时间约为1min。产生晃动时首先应顾及的是自己与家人的人身安全。应躲在重心较低且结实牢固的桌子下面躲避，并紧紧抓牢桌子腿。在没有桌子等可供藏身的场合，无论如何也要用坐垫等物保护好头部。图7-2为躲在坚固的家具旁，图7-3为迅速逃离场景。

图7-2 躲在坚固的家具旁

图7-3 迅速逃离

2. 摇晃时立即关火，失火时立即扑灭

大地震时，也会有不能依赖消防车来灭火的情形。因此，我们每个人关火、灭火的这种努力，是能否将地震灾害控制在最小程度的重要因素。

地震的时候，关火的机会有三次，第一次机会在大的晃动来临之前的小的晃动之时，在感知到小的晃动的瞬间，关闭正在使用的取暖炉、煤气炉等。第二次机会在大的晃动停息的时候。第三次机会在着火之后，即便发生失火的情形，在 1～2min 之内，还是可以扑灭的。

3. 不要慌张地向户外跑

地震发生后，不要慌慌张张地向外跑，这时如果有碎玻璃、屋顶上的砖瓦、广告牌等掉下来砸在身上，是很危险的。此外，水泥预制板墙、自动售货机等也有倒塌的危险，不要靠近这些设施。

4. 将门打开，确保出口

钢筋水泥结构的房屋等，由于地震的晃动会造成门窗错位，打不开门，所以应尽量先将门打开，确保出口通畅。平时要事先想好万一被关在屋子里，如何逃脱的方法，准备好梯子、绳索等。

5. 户外的场合，要保护好头部，避开危险之处

当大地剧烈摇晃、站立不稳的时候，人们都会有扶靠、抓住什么的心理。身边的门柱、墙壁大多会成为扶靠的对象。但是，这些看上去挺结实牢固的东西，实际上却是危险的。务必不要靠近水泥预制板墙、门柱等。

6. 在公共场合要听从工作人员的指示逃生

在超市、电影院等人较多的地方，最可怕的是发生混乱。请依照工作人员的指示来行动。即便发生停电，紧急照明电也会即刻亮起来，请镇静地采取行动。如发生火灾，即刻会充满烟雾，应以压低身体的姿势避难。在发生地震、火灾时，不能使用电梯。万一在电梯里遇到地震，将操作盘上各楼层的按钮全部按下，一旦停下，迅速离开电梯，确认安全后避难。

7. 汽车靠路边停车，管制区域禁止行驶

发生大地震时，驾驶人无法把握住汽车转向盘，难以顺利驾驶。此时必须注意，应及时避开十字路口，将车子靠路边停下。为了不妨碍避难疏散的人和紧急救援车辆的通行，要让出道路的中间部分。

城市中心地区的绝大部分道路将会全面禁止通行。留意汽车收音机的广播，附近若有警察，要依照其指示行事。

有必要弃车避难时，为保汽车不致卷入火灾，请把车窗关闭，车钥匙插在车上，不要锁车门，并和当地的人一起行动。

8. 务必注意山崩、断崖落石或海啸

地震时，在山边、陡峭的倾斜地段，有发生山崩、断崖落石的危险，应迅速转移到安全的场所避难。在海岸边，有遭遇海啸的危险。若感知到地震或听到海啸警报，请注意收音机、电视机等的信息，迅速到安全的场所避难。

9. 避难时要徒步，携带物品应在最少限度

原则上应以市民防灾组织、街道等为单位，在负责人及警察等带领下采取徒步避难的方式，携带的物品应在最少限度。绝对不能利用汽车、自行车避难。

■7.4.2 学校人员避震

在学校中，地震时最需要的是教师的冷静与果断。有中长期地震预报的地区，平时要结合教学活动，向学生们讲述地震防、避知识。震前要提前安排好学生转移、撤离的路线和场所；地震发生后沉着地指挥学生有秩序地撤离。在比较坚固、安全的房屋里，可以躲避在课桌下、讲台旁，教学楼内的学生可以到有管道支撑的房间里，注意安抚学生情绪，决不可让学生们因慌乱而乱跑或跳楼。

7.5 徒手心肺复苏

■7.5.1 大学生学习徒手心肺复苏的意义

徒手心肺复苏是不借助任何药物及医疗器械，靠施救者自身针对呼吸心跳骤停的患者，进行的最初急救措施。是否能取得成功其关键在于是否及时，是否正确施行急救。大学生刚开始独立生活，兴趣广泛，活动面宽，但其生活经验和处理意外事件的能力相对缺乏，所以在大学阶段开设安全救生教育，让更多的人了解徒手心肺复苏的基础知识，掌握正确的操作方法，可以发挥大学生"第一目击者"的作用，提高急救成功率，为后续专业医护人员的抢救打下良好的基础。图7-4为安全救生教室。

图 7-4 安全救生教室

■7.5.2 心肺复苏的简单原理

心搏停止后，全身血液循环立即停止，脑组织及许多重要脏器得不到氧气及血液的供应，数分钟后就会相继出现细胞坏死。因此必须在胸外心脏按压的同时进行人工呼吸，以维持血液循环。

　　胸外心脏按压的原理是：因为胸腔为一封闭的腔，在胸腔上施压可以驱使血液流出胸腔，从而形成人工循环。病人心搏、呼吸停止后，全身肌肉松弛，口腔内的舌肌也松弛至舌下坠，因此阻塞了呼吸道。让病人头后仰，可使其舌根部向上提起，从而使呼吸道畅通。患者呼吸停止后，首先应设法给患者肺部吹入新鲜空气。在畅通呼吸道之后，就能用口向患者肺内吹气。正常人吸入的空气含氧量为 21%，二氧化碳为 0.04%。肺脏吸收 20% 的氧气，其余 80% 氧气按原样呼出，因此我们正常人给患者吹气时，只要吹气量较多（大于 700mL），则进入患者肺内的氧气量可达 18%，基本上是够用的。心搏、呼吸停止后，患者的肺处于半萎缩状态，因此首先要给患者全力吹两口气，以扩张肺组织，从而利于气体交换。

7.5.3　徒手心肺复苏的步骤、方法及注意事项

　　1. 评估周围环境是否安全

　　（1）方法

　　检查患者是否处于危险环境，自己若向前是否也会处于危险的环境。若安全，可当场进行急救；若不安全，须将患者转移到安全场地后再进行急救。

　　（2）注意事项

　　将患者转移到安全场地时动作应平稳。

　　2. 判断意识

　　（1）方法

　　轻拍患者双肩，对双耳响亮呼叫"先生（女士）醒醒，你怎么啦？"两次。若无反应，证实患者已丧失意识，如图 7-5 所示。

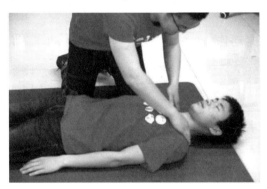

图 7-5　判断意识

　　（2）注意事项

　　判断患者是否有意识时，不可摇动患者的身体。

3. 拨打急救电话，并疏散人群

（1）方法

自己拨打或请旁边的群众拨打急救电话，并将围观的群众疏散开，以保证患者周围有足够的空气流通，再留 3~5 人帮忙。

（2）注意事项

拨打急救电话时，要清楚地告知患者的基本情况及详细地址，告知电话号码，以便和急救车随时保持联系。

4. 摆放体位

（1）方法

患者取仰卧位，置于地面或硬板床上，肢体无扭曲，松解患者衣扣、腰带（女患者松解内衣），迅速检查胸部有无开放性伤口，靠近患者（右侧）跪地，双膝与肩同宽，如图 7-6 所示。

摆放体位

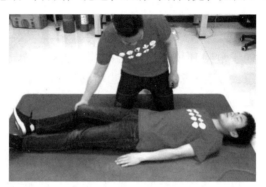

图 7-6　摆放体位

（2）注意事项

摆放病人体位时动作轻、稳，注意保护颈部，动作不可粗暴，以免加重身体的损伤。

5. 判断呼吸

（1）方法

用视（眼看患者胸部有无起伏）、听（耳听患者有无呼吸音）、感（面颊部感觉患者鼻孔有无气体逸出），来判断患者有无呼吸，时间为 5~10s（口数 1001、1002、1003…1010）。

（2）注意事项

判断呼吸时应冷静仔细，一定在 5~10s 内判断结束。

6. 检查有无颈动脉脉搏

（1）方法

用右手的中指和食指从颌中间下滑到甲状软骨（男性为喉结），再向外或内滑行 2cm 到胸锁乳突肌的前缘触及颈动脉，时间为 5 ~ 10s（口述 1001、1002、1003…1010）。若无颈动脉搏动，应准备定位进行徒手心肺复苏，如图 7-7 所示。

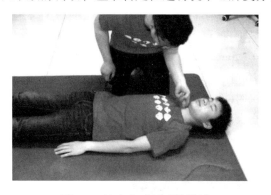

图 7-7　检查有无颈动脉脉搏

（2）注意事项

触及颈动脉力量不可过大，以免颈动脉受压，妨碍头部供血，决不能同时触摸两侧颈动脉，不可用大拇指触及颈动脉，以免混淆。

7. 定位

（1）方法

用右手中指沿患者的右肋缘向上滑行到两侧肋缘交界处，向上反两指，左手紧挨着右手食指放于胸骨上（胸骨中下 1/3 交界处），肩部、手肘、手掌根部呈一条直线，垂直向下，手掌根部的长度方向与胸骨平齐，右手放于左手上，十指相扣，身体稍前倾，使按压者的腕、肘、肩关节呈直线，并垂直于患者的胸部，如图 7-8 所示。

急救方法演示

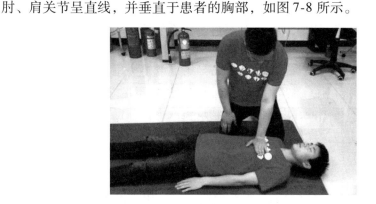

图 7-8　定位

（2）注意事项

定位时左手五指翘起不能触及胸壁，手与身体必须端正，位置定准确后，手不可随便移动。

8. 胸外按压

（1）方法

1）扣手，两肘关节伸直并尽量内收（肩、肘、腕关节呈一条直线）。

2）用身体重量垂直下压。

3）按压深度 4 ~ 5cm。

4）按压频率 100 次/min（心中要数数，到 26 开始数出声，数到 30）。

5）按压与放松时间相等（比例为 1:1）。

6）胸外按压与人工呼吸比率：不论单人或双人均为 30:2。

7）首轮做 5 个 30:2，历时 2min。

胸外按压如图 7-9 所示。

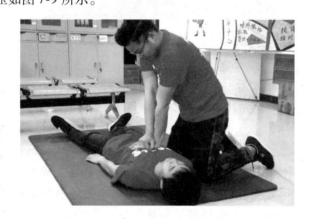

图 7-9　胸外按压

（2）注意事项

1）按压部位准确，用力均匀，放松时双手不能离开胸壁，按压要持续进行，如有停顿不得超过 10s。

2）按压力度不宜过大（成人 4 ~ 5cm，儿童单手按压 2.5 ~ 4cm），防止并发症，如肋骨骨折、血气胸等，压力要适宜，过轻不足以推动循环。

3）按压部位不可过低，以免胃内容物反流或损伤肝胃等内脏。

4）按压操作中替换操作时，中止时间不得超过 5s。

9. 检查口腔有无异物

（1）方法

双手托住患者双耳轻轻抬起，将头偏向一侧，用手掰开查看口腔有无异物，并清除异物。清除后，双手托住患者双耳轻轻抬起头部，将头部位置恢复，如图 7-10 所示。

（2）注意事项

将头偏向一侧时，动作应轻，不可用力过猛，以免损伤颈椎；清除口腔异物时要避免手指将口腔黏膜抓破，假齿无脱落不要用手去拽，脱落的假齿取出即可。

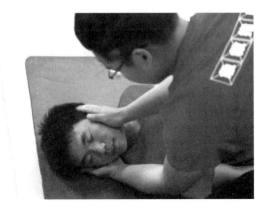

图 7-10　检查口腔有无异物

10. 开放气道

（1）方法

左手伸展并用左手按压患者的额部，用右手食指和中指向上抬患者的下颌（压额抬颌），使口腔、咽喉、气管呈一条直线，防止舌后坠阻塞气道口，保持气道通畅，如图 7-11 所示。

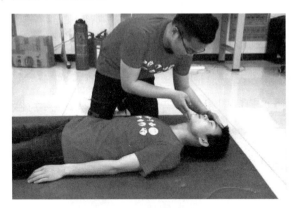

图 7-11　开放气道

（2）注意事项

压额抬颌时不可用力过猛，不可抬过，以免损伤颈椎，使下颌骨与地面垂直即可。右手固定下颌不可离开，以免气道关闭。

11. 人工呼吸

（1）方法

在保持患者仰头抬颌前提下，施救者捏闭鼻孔（或口唇），然后深吸一大口气，迅速用力向患者口（或鼻）内吹气，然后放松鼻孔（或口唇），每次吹气时间为 1~2s（连续两次），吹气量为 500~700mL，吹气时眼睛看患者的胸部有明显的起伏即可，如图 7-12 所示。

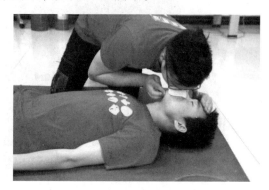

图 7-12　人工呼吸

（2）注意事项

吹气不宜过猛，时间不宜过长，以免发生急性胃扩张。施救者的口唇要完全覆盖患者的口唇，以免漏气。

12. 复检呼吸、颈动脉

（1）方法

用耳听呼吸音、面颊部感觉呼吸气流、眼睛看胸部有无起伏；同时用右手的食指和中指触摸颈动脉有无搏动，时间为 5~10s（口数 1001，1002，1003…1010），如图 7-13 所示。

（2）注意事项

复检呼吸脉搏必须同时进行，若无呼吸、脉搏，继续徒手心肺复苏，完成 5 个 30:2。

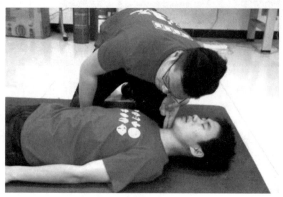

图 7-13　复检呼吸、颈动脉

13. 复苏成功

（1）方法

病人心跳、脉搏、呼吸恢复后，应检查皮肤、口唇、指甲颜色（红润）。检查瞳孔（由大变小），整理衣物，恢复体位，等待医护人员进一步的治疗，如图 7-14 所示。

（2）注意事项

复苏成功后要随时观察患者的情况，复苏后体位要求舒适，稳定，防误吸。

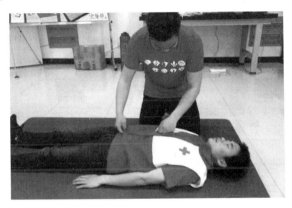

急救后体位摆放

图 7-14　复苏成功

7.5.4　心肺复苏的有效指标

1. 颈动脉搏动

如若停止按压后脉搏仍然跳动，能触摸到大动脉搏动（主要是颈动脉、股动脉），则说明患者心搏已恢复。

2. 出现自主呼吸

吹气时可听到肺泡呼吸音或有自主呼吸。

3. 面色（口唇）

由紫转为红润。

4. 瞳孔

可见瞳孔由大变小，并有对光反射。

5. 神志

意识逐渐恢复，昏迷变浅，可见患者有眼球活动，甚至手脚开始活动，或出现反射或挣扎。

7.5.5　终止复苏的条件

有医务人员到场，心肺复苏 1h 后，患者瞳孔散大固定，无心脏跳动、无自主呼吸，表示脑及心脏死亡。

 **思考题**

1. 扑救火灾的原则是什么？
2. 火灾常用自救工具有哪些？
3. 暂时避难期间应做好哪些工作？
4. 简述干粉灭火器的适用范围。
5. 简述洪水来临应对的避难原则。
6. 简述车辆落水的自救方法。
7. 简述学校地震的自救方法。
8. 心肺复苏的注意事项有哪些？
9. 简述胸外按压的要领。
10. 心肺复苏按压和吹气的比例是多少？
11. 患者在什么状态下才能进行心肺复苏？

第8章

设 备 拆 装

教学重点与难点

- 装配的过程
- 装配工具的正确使用
- 装配精度的保证

8.1 概 述

设备拆装是指将给定设备拆开卸下并重新组装的过程，是对设备进行检查、维修和保养的重要手段。其中，重新装配环节尤为重要，需要将拆开的零部件按照规定的技术要求组装起来，并经过调试、检验使之成为合格产品。

8.1.1 装配的基础知识

1. 装配的概念

按照一定的精度标准和技术要求，将若干个零件组成部件或若干个零件、部件组合成机构或机器的工艺过程，称为装配。装配组成示意图如图 8-1 所示。

机器的装配是机器制造过程中最后一个环节，它包括装配、调整、检验和试验等工作。装配过程使零件、合件、组件和部件间获得一定的相互位置关系，所以机械装配是机械制造中最后决定机械产品质量的重要工艺过程。

2. 装配的过程

为保证有效地进行装配工作，通常将机器划分为若干个能独立进行装配的装配单元。

1）零件：组成机器的基本单元，它是由金属材料或其他材料制成的，是机器不可分拆的最小单元。

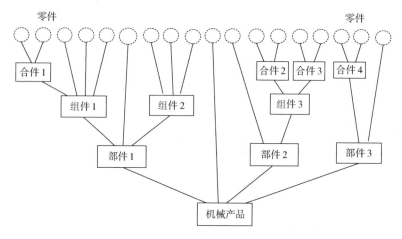

图 8-1　装配组成示意图

2）合件：若干零件永久连接（如铆接、焊接、粘接、过盈配合等）或连接后再经加工而成的，如涡轮齿圈与轮芯，连杆孔与衬套等都是由零件连接而成的。

3）组件：一个或几个合件与零件的组合。在结构上具有一定的独立性，如机床主轴与其上的齿轮、键、垫片、套、轴承所组成的主轴组件。

4）部件：若干组件、合件及零件的组合体，具有一定独立功能的结构单元。

5）总装配：将零件、合件、组件和部件，按照装配技术要求，最终装配成机器的过程，称总装配。

3. 装配前的准备工作

一般情况下，装配是机器制造过程中的最后阶段，也是最重要的阶段。装配质量好坏直接影响机器以后的使用情况。如果装配了不良的机器，如零件装配不准确，配合间隙不合乎要求，将会使其性能降低，消耗功率增加，使用寿命缩短。目前，在许多企业中，装配工作大多靠钳工手工劳动完成。有些零件精度并不是很高，但经过钳工仔细修配和精心调整后，仍能装配出性能良好的产品。所以制定合理的装配工艺，选择合适的装配方法，准备好装配工具起着非常重要的作用。装配前应做好以下准备工作：

1）研究和熟悉装配图的技术要求，了解产品的结构和零件作用，以及相互连接的关系。

2）确定装配的方法、程序和所需的工具。

3）领取和清洗零件。

4）装配时，应检查零件与装配有关的形状和尺寸精度是否合格。检查有无变形、损坏等，并应注意零件上各种标记，防止错装。

5）固定连接的零部件，不允许有间隙。活动的零件，能在正常的间隙下，灵活均匀地按规定方向运动，不应有跳动。

6）各运动部件（或零件）的接触表面必须保证得到足够的润滑。若有油路，必须保证畅通。

7）各种管道和密封部位，装配后不得有渗漏现象。

8）试车前，应检查各部件连接的可靠性和运动的灵活性，各操纵手柄是否灵活和手柄位置是否在合适的位置。试车时，从低速到高速逐步进行。

▌8.1.2　保证装配精度的方法

根据新产品的装配要求和生产批量大小，零件的装配有修配、调整、互换和选配四种配合方法。

1. 修配法

修配法是指装配中应用锉、磨和刮削等工艺方法改变个别零件的尺寸、形状和位置，使配合达到规定精度的方法。修配法装配效率低，适用于单件小批生产，在大型、重型和精密机械装配中应用较多。修配法依靠手工操作，要求装配工人具有较高的技术水平和熟练程度。

2. 调整法

调整法是指装配中调整个别零件的位置或加入补偿件，以达到装配精度。常用的调整件有螺纹件、斜面件和偏心件等，补偿件有垫片和定位圈等。这种方法适用于单件和中小批量生产的结构和较复杂的产品，成批生产中也少量应用。

3. 互换法

互换法是指所装配的同一种零件能互换装入，装配时可以不加选择，不进行调整和修配。这类零件的加工公差要求严格，它与配合件公差之和应符合装配精度要求。这种配合方法主要适用于生产批量大的产品。

4. 选配法

对于成批、大量生产的高精度部件，如滚动轴承等，为了提高加工经济性，通常将精度高的零件的加工公差放宽，然后按照实际尺寸的大小分成若干组，使各对应的组内相互配合的零件仍能按配合要求实现互换装配。

▌8.1.3　装配的组织形式

装配工作的组织形式按产品复杂程度不同，一般分为固定式装配和移动式装配两种。

1. 固定式装配

固定式装配是在一个工作位置上完成全部装配工序，往往由一组装配工完成全部装配作业，手工操作比重大，要求装配工的水平高，技术全面。固定式装配生产效率低，装配周期较长，大多用于单件、中小批生产的产品以及大型机械的装配。

2. 移动式装配

移动式装配是把装配工作划分成许多工序，产品的基准用传送装置支撑，依次移动到一系列装配工位上。按照传送装置移动的节奏装配，各工位装配工序划分较细，节奏一致，各装配工位上工作时间一致，能进行均衡生产。移动式装配生产率高，适用于大批量生产的机械产品。

8.1.4　装配环境条件

为保证机械产品的装配质量，有时要求装配场所具备一定的环境条件。如装配高精度轴承或高精度机床（如坐标镗床、螺纹磨床）的环境温度必须保持（20 ±1）℃恒温，对于装配精度要求稍低的产品，装配环境温度要求可相应降低，如按季节变化规定为：夏季（23 ±1）℃，冬季（17 ±1）℃，既可保证装配精度，又可节约能源。装配环境湿度一般要求为45% ~65%。有些特别精密产品的装配对空气净化程度还有特殊要求，如超精微型轴承的装配，要求每升空气中含大于 0.5 μm 尘埃的平均数不得多于 3 个。

装配场所的采光应满足装配中识别最小尺寸的需要。还应按照不同情况采取防振、防噪声和电磁屏蔽等特殊措施。对于重型精密机器，要求装配基座有坚固的地基，以防止装配过程中出现变形。装配重型或大型零部件时，为了精确吊装就位，应设置有超慢速的起重设备。

8.1.5　装配发展趋势

随着科学技术的发展，机械装配也朝着一定的方向发展：

1) 根据生产批量改进产品的设计，以改善产品的装配工艺性。

2) 应用具有大功率超声波清洗技术的清洗装置，有效地清洗大型零件，以提高产品的清洁度。

3) 推广和提高胶接技术，发展光孔上丝（螺钉直接拧入光孔），无孔上丝（不另加工孔，螺钉直接拧入联接件）等加工与装配相结合的新工艺。

4) 在检测校正工作中，推广应用光学、激光等先进技术，以提高产品质量的稳定性。

5) 提高装配工作的机械化、自动化程度。

8.2　自行车的拆装

8.2.1　自行车的基本组成

一部完整的自行车由上千个零件构成，这些零件可以组装成 20 多个部件。根据部件作用的大小可将它们分为基本部件和附属部件，如图 8-2 所示。一般用车，基本部件不可缺少，附属部件的短缺也会带来使用的不便。

1. 基本部件

基本部件主要包括车架部件、前叉部件、前轮部件、前轴部件、车把部件、前闸部件、车座部件、后轮部件、后轴部件、飞轮部件、后闸部件、脚蹬部件、曲柄部件、中轴部件、链条部件，如图 8-2 所示。

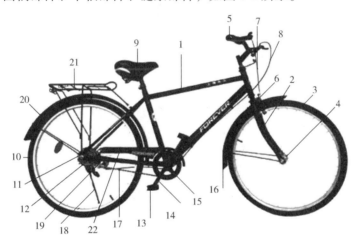

图 8-2　自行车的基本组成

1—车架；2—前叉；3—前轮；4—前轴；5—车把；6—前闸；7—前闸线；8—后闸线；9—车座；
10—后轮；11—后轴；12—飞轮；13—脚蹬；14—曲柄；15—中轴；16—前挡泥板；17—链条；
18—站架；19—后闸；20—后挡泥板；21—货架；22—半链罩

2. 附属部件

附属部件主要包括前挡泥板部件、后挡泥板部件、链罩部件、货架部件、站架部件、车锁部件、车铃部件。

8.2.2　自行车各组成部分的功能

从整体结构出发，又可以将自行车分为六个部分：主体部分、导向部分、驱动部分、制动部分、鞍座部分和附属部分，前五个部分与维修密切相关，应重点了解。

1. 主体部分

车架是自行车的主体，是构成自行车的基本结构体，是自行车的骨架。车架承受的负荷最大，其他部件都是直接或间接与车架进行组合完成安装。

车架由上梁管（俗称大梁）、下梁管（俗称斜梁）、前管（俗称前脸）、立管（俗称立梁）、中轴管、上后叉和下后叉等零件焊接铆合而成，如图 8-3 所示。

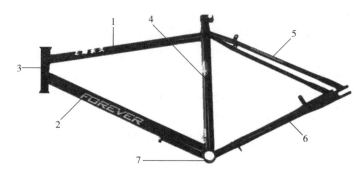

图 8-3　车架结构

1—上梁管；2—下梁管；3—前管；4—立管；5—上后叉；6—下后叉；7—中轴管

2. 导向部分

导向部分包括车把、前叉和前轮等部件。前叉通过前叉轴承部件和车架前管进行装配，它的下端叉腿组装前轮，叉管组装车把。通过操纵车把，保持车子的平衡及掌握行驶方向。

（1）车把部件

车把由把手、把芯、闸把等零件组装而成。车把和前叉组合成一体，如图 8-4 所示。

（2）前叉部件

前叉由前叉管、前叉肩、前叉腿和前叉嘴等零件焊接而成。它的上端和车把组合，下端和车前轮组合，如图 8-5 所示。

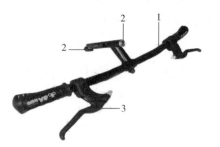
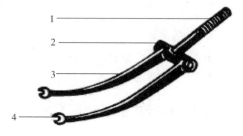

图 8-4　车把结构　　　　　　　图 8-5　前叉结构

1—把手；2—把芯；3—闸把　　1—前叉管；2—前叉肩；3—前叉腿；4—前叉嘴

（3）前轮部件

前轮由轮胎、前车圈、辐条（俗称车条）、前轴皮、前轴等零件组装而成，和前叉组合一体，如图 8-6 所示。

3. 驱动部分

自行车的驱动部分包括：脚蹬、曲柄、链轮（俗称轮盘）、中轴、链条、飞轮和后轮等部件。

中轴组装在车架子的中轴管，两只脚蹬分别组装在左曲柄上（右曲柄和链轮在生产时已铆合成一体），左右曲柄分别安装在中轴的两端，飞轮组装在后轮的轴皮上，链条连接轮和飞轮。人脚踏脚蹬的力，使曲柄链轮转动，通过链条和飞轮转动后轮，从而驱动自行车行驶。

1）中轴、链轮、曲柄和脚蹬等部件的结构如图 8-7 所示。

脚蹬、曲柄和中轴是为了带动链轮而设计的部件，链轮是中心部件。脚蹬通过脚蹬轴组装在曲柄上，脚蹬轴有左、右之分。左脚蹬轴和曲柄结合处为反丝扣，右脚蹬轴和曲柄结合处为正丝扣。

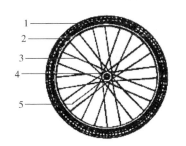

图 8-6 前轮结构
1—轮胎；2—前车圈；3—辐条；
4—轴皮；5—前轴；6—花盘

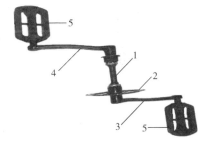

图 8-7 脚蹬曲柄链轮结构
1—中轴；2—链轮；3—右曲柄；
4—左曲柄；5—脚蹬

2）飞轮和后轮等部件：飞轮组装在后轮轴皮的一端，如图 8-8 所示，后轮由轮胎、后车圈、辐条、后轴皮、后轴等零件组装而成，它组装在车架的后叉。

4. 制动部分

制动部分包括前闸和后闸部件。通过操纵车闸，使自行车减速、停驶，以保障安全。

（1）前闸部分

前闸部分由钳型闸部件、刹车线、闸皮组成，是自行车的前制动装置，如图 8-9 所示。

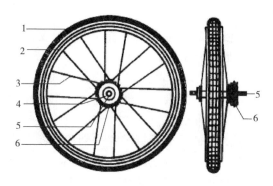

图 8-8　飞轮、后轮

1—轮胎；2—后车圈；3—辐条；4—后轴皮；5—后轴；6—飞轮

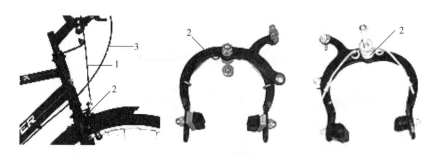

图 8-9　钳型前闸

1—前刹车线；2—钳型闸部件；3—后刹车线

（2）抱闸制动部分

抱闸制动部分为机械式制动，刹车盘与车轮（轴承）固定，刹壳与车架固定。制动时，刹车线拉动曲拐，使刹皮与刹车盘接触并产生摩擦，最后迫使自行车制动，如图 8-10 所示。

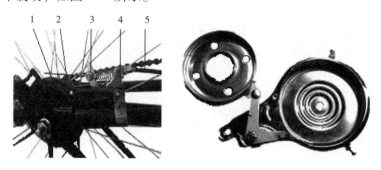

图 8-10　抱闸

1—刹壳；2—刹车线；3—曲拐；4—定位架；5—后刹车线套管

5. 鞍座及附属部分

鞍座（俗称车座子）虽然没有上述四个部分那么重要，但是它的好坏会影响骑行使用效果。鞍座包括座皮、座簧、座卡和座管等几个部分。它通过座管组装在车架的立管上，如图 8-11 所示。

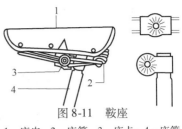

图 8-11 鞍座

1—座皮；2—座簧；3—座卡；4—座管

8.3 项目实训

8.3.1 实训目的与内容

1. 实训目的

1）了解自行车的车体结构和自行车主要零部件的基本构造与组成，如车架部件、前叉部件、链条部件、前轴部件、中轴部件、后轴部件、飞轮部件等，增强对机械零件的感性认识。

2）了解前轴部件、中轴部件、后轴部件的安装位置，以及定位和固定方式。

3）熟悉自行车的拆装和调整过程，初步掌握自行车的维修技术。

2. 实训内容

1）拆装工具的使用：掌握各类扳手、钳子、螺钉旋具、锤子、鲤鱼钳等工具的使用方法。

2）实训内容：拆装自行车的前轴、中轴和后轴，在拆装过程中了解轴承部件的结构、安装位置、定位和固定方式。

8.3.2 实训步骤

1. 自行车的拆卸

（1）前轴的拆卸

拆卸前后轴之前，先将车支架支起。倒放前，先用螺钉旋具将车铃的固定螺钉拧松，把车铃转到车把下面，然后有序拆卸，拆分后的前轴组件如图 8-12 所示。

前轴的拆卸

1）拆卸钳型闸刹车线。

2）拆卸螺母。

3）拆卸轴挡。

4）拆卸轴承，用螺钉旋具伸入防尘盖内，沿防尘盖的四周轻轻将防尘盖撬下来，再从轴碗内取出钢球。用同样的方法将另一边的防尘盖和钢球拆下。

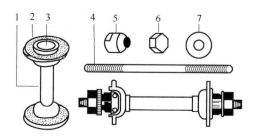

图 8-12　前轴组件

1—前轴皮；2—前花盘；3—前轴碗；4—前轴；5—前轴挡；6—螺母；7—垫圈

（2）后轴的拆卸

后轴的拆卸步骤和方法与拆卸前轴大同小异，拆卸时可以参照前轴的方法，此处仅对不同之处进行介绍，拆分后的后轴组件如图 8-13 所示。

1）拆卸刹车线和定位架。

2）拆卸后轴时，拧下螺母，将车架等卸下（全链罩车拆下后尾罩），将车轮从钩形后头部向前下方推滑下来，最后从飞轮上拆下链条。

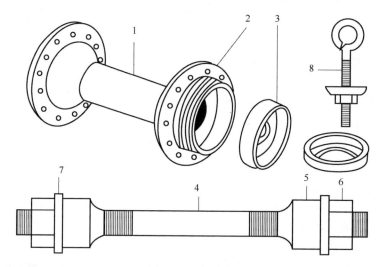

图 8-13　后轴组件

1—轴皮；2—辐条花盘；3—轴碗；4—后轴；5—轴挡；6—螺母；7—垫圈；8—拉链

（3）中轴的拆卸

1）先拆左曲柄销，将曲柄转到水平位置，并使曲柄销螺母向上，用扳手将曲柄销螺母退到曲柄销的上端面与销的螺纹相平，再用锤子猛力冲击带螺母的曲柄销，使曲柄销松动后将螺母拧下，然后用钢冲将曲柄销冲下，再将左曲柄从中轴上转动取下。

2）拆下半链罩，取下左曲柄后，用螺钉旋具拧下半链罩卡片的螺钉，拆下半链罩。

3）拆中轴挡，用扳手将中轴销螺母向右（顺时针方向）拧下，用螺钉旋具（或尖冲子）把固定垫圈撬下，再用钢冲冲（或拨动）下中轴挡。

4）取右曲柄、链轮和中轴，从中轴右边将连在一起的右曲柄，先拆下链条，链轮和中轴一同抽出，最后把钢球取出，拆分后的中轴组件如图 8-14 所示。

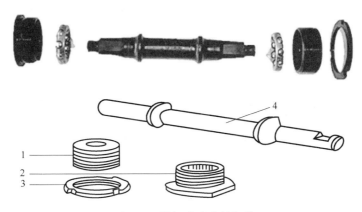

图 8-14　螺钉碗式中轴组件

1—右旋螺纹轴碗；2—左旋螺纹轴碗；3—轴碗紧固螺母；4—中轴

2．自行车的装配

装配自行车前，需要先对还能用的零件进行清洗。对已损坏的零件，要用同规格的新零件替换。

（1）前轴的装配

安装前轴的步骤和方法如下：

1）沿两边的轴碗（球道）内涂润滑脂（不要过多，要均匀），把钢球装入轴碗。当装到后一个钢球时，要使一面钢球间留有半个钢球的间隙。如果是球架式钢球，注意不要装反。钢球装好后，将防尘盖挡面向外，装在轴身内，用锤子沿防尘盖四周敲紧。

前轴的养护与安装

2）将前轴棍穿入轴身内，把轴挡（球道在前）拧在轴棍上。安装轴挡后要求轴棍两端露出的距离相等。

3）在轴的两端套入内垫圈（有的车没有），并使垫圈紧靠轴挡，再将车轮装入前叉嘴上，然后按顺序将挡泥板支棍、外垫圈套入前轴，再拧上前轴母。接着扶正前车轮，使车轮与前叉左右的距离相等，前轴棍要贴到前叉嘴的里端，用扳手拧紧轴母。

4）调整：前轴安装好后，松紧要适当，要求不松不紧，转动灵活，不得出现卡住、晃动等现象。具体的检查方法是，把车轮抬起，将气门提到与轴的平行线上，使车轮自由摆动，摆动次数以单方向摆动一次为宜，否则应进行调整。调整时可用扳手将一个轴母拧松，用花扳手将轴挡向左或右调动（轴紧用扳手向左调动轴挡；轴松用扳手向右调动轴挡），然后将轴母拧紧。

5）调整刹车。

（2）后轴的装配

后轴的装配与前轴的装配大同小异，装配时可以参照前轴的方法。

1）把钢球装入轴碗，将防尘盖挡面向外，装在轴身内，用锤子沿防尘盖四周敲紧。

2）将后轴棍穿入轴身内，把轴挡拧在轴棍上，安装轴挡后要求轴棍两端露出的距离大致相等。

3）在轴的两端套入内垫圈（有的车没有），并使垫圈紧靠轴挡，再将链条套到飞轮上，将车轮装入钩形后叉头上。然后按顺序将自行车支架、书包架支棍、挡泥板支棍、外垫圈套入后轴，再拧上后轴母，随后，扶正后车轮（使车轮与后叉左右的距离相等），用扳手拧紧轴母。

（3）中轴的装配

中轴的装配步骤和方法如下：

1）在中轴碗内抹润滑脂，将钢球顺序排列在轴碗内（如果是球架式钢球，可参看前后轴安装装配）。

2）把中轴棍（上面已安装有右轴挡、链轮和右曲柄）从右面穿入中接头，与右边中轴碗、钢球吻合。如果是全链罩车，在穿进中轴棍后，用螺钉旋具将链条挂在链轮的底部，转动链轮，将链条完全挂在链轮上。

3）将左轴挡向左拧在中轴棍上，但与钢球之间要稍留间隙，再将固定垫圈（内舌卡在中轴的凹槽内）装进中轴，最后用力锁紧中轴锁母。

4）中轴的松紧要适当，应使其间隙最小，而又转动灵活，旷度不超过0.5mm。轴挡松或紧，可拧松中轴锁母，用尖冲冲动轴挡端面的凹槽，调动轴挡，最后锁紧中轴锁母。

5）将左曲柄套在中轴左端，并转到前方与地面平行，把曲柄销斜面对准中轴平面，从上面装入曲柄销孔，并打紧。左、右曲柄销的安装方向正好相反。换右轴挡以及安装右曲柄销，也可按上述装配方法进行。

6）将链条从下面挂在链轮上，接好链条，再安装半链罩。如果是全链罩车，将全链罩盖、前插片按照拆卸相反的顺序装在罩上（参看中轴的拆卸）。最后，拧动调链螺母调整链条的幅度，拧紧右端的后轴母。

7）自行车装配完成后进行试车，如有问题应进行调整。

 **思考题**

1. 自行车包括哪些部件？它们的名称是什么？

2. 自行车从结构上可以分为几个部分？每个部分包括哪些部件？这些部件由哪些零件组成？它们的名称是什么？

3. 前后轴的装配采用什么样的配合（间隙、过渡、过盈)？怎样保证配合要求？

4. 简述自行车前后轮轮胎花纹的设计原理。

第9章

焊 接

■ **教学重点与难点**

- 焊条电弧焊焊接的原理
- 焊条电弧焊的应用特点
- 焊接工艺
- 焊接安全操作规程

9.1 概 述

■ 9.1.1 焊接的概念

焊接是通过加热或加压，配合使用或不用填充材料，使两个分离的工件达到原子间结合的连接方法。焊接过程中，工件和钎料熔化形成熔融区域，熔池冷却凝固后便形成材料之间的连接。在这一过程中，通常还需要施加压力。焊接的能量来源有很多种，包括气体焰、电弧、激光、电子束、摩擦和超声波等。

■ 9.1.2 焊接的分类

焊接技术主要应用在金属母材上，常用的有电弧焊、氩弧焊、CO_2 保护焊、氧-乙炔焊、激光焊接、电渣压焊等多种。金属焊接方法有 40 种以上，按其工艺过程的特点不同分为熔焊、压焊和钎焊三大类。

1. 熔焊

熔焊是在焊接过程中将工件接口加热至熔化状态，不施加压力完成焊接的方法。熔焊时，热源将待焊的两工件在接口处加热，使其迅速熔化，形成熔池。熔池随热源向前移动，冷却后形成连续焊缝而将两工件连接成为一体。

常见的熔焊有气焊、电弧焊、气体保护焊、等离子弧焊等。

2. 压焊

压焊是在加压条件下，使两工件在固态下实现原子间结合，又称固态焊接。压焊有两种形式：一是将金属连接处加热至塑性状态时进行施压完成焊接，如锻焊、接触焊等；二是不进行加热，在金属连接处施加足够的压力，借助压力引起的塑性变形完成的焊接，如冷压焊、爆炸焊等。

3. 钎焊

钎焊是使用比工件熔点低的金属材料作为钎料，将工件和钎料加热到高于钎料熔点、低于工件熔点的温度，利用液态钎料润湿工件，填充接口间隙并与工件实现原子间的相互扩散，从而实现焊接的方法。常见的钎焊方法有烙铁钎焊、火焰钎焊等。

■ 9.1.3　焊接的应用和发展

焊接技术是随着金属的应用而出现的，古代的焊接方法主要是铸焊、钎焊和锻焊，使用的热源都是炉火，温度低，能量不集中，无法用于大截面、长焊缝工件的焊接，只能用以制作装饰品、简单的工具和武器。随着时代的进步，目前的焊接技术已广泛应用在汽车、造船、工程机械和航空航天等领域，焊机的操作趋向简单化、智能化。

9.2　焊条电弧焊

■ 9.2.1　焊条电弧焊的原理及特点

1. 焊条电弧焊的原理

焊条电弧焊是熔焊的一种，是用手工操纵焊条进行焊接，简称手弧焊。在焊接时，首先在焊件与焊条间引出电弧，电弧热将同时熔化焊件接头处和焊条，形成金属熔池。随着焊条沿焊接方向向前移动，新的熔池不断产生，原先的熔池则不断冷却凝固，形成焊缝，使分离的两个焊件连接在一起，如图 9-1 所示。

2. 焊接电弧的形成

焊接电弧是一种强烈的持久的气体放电现象，在这种气体放电中会产生大量的热能和强烈的光辉。电弧燃烧的必要条件是气体电离及阴极电子发射。

1）气体电离：中性气体的分子或原子释放电子形成正离子的过程。

2）阴极电子发射：阴极金属表面连续向外发射电子的现象。

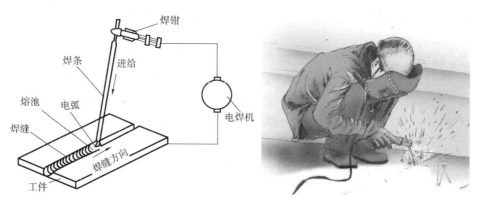

图 9-1　焊条电弧焊示意图

3. 焊条电弧焊的特点

1）设备比较简单，操作机动灵活，能在任何场合和空间位置焊接各种形式的接头。

2）焊缝形状和长度也不受限制，是目前应用最广泛的一种焊接方法。

3）手工操作，生产效率低，焊工的劳动强度也比较大。

4）焊工手工操作的随意性较强，造成质量也不稳定，对焊工的技术和经验等方面要求较高。

■ 9.2.2　焊条电弧焊设备与焊条

1. 弧焊机

焊条电弧焊的主要设备是弧焊机，按其供给的焊接电流种类的不同可分为交流弧焊机和直流弧焊机两类。

（1）交流弧焊机

交流弧焊机供给焊接时的电流是交流电，是一种特殊的降压变压器，它具有结构简单、价格便宜、使用可靠、工作噪声小、维护方便等优点，所以焊接时常用交流弧焊机，它的主要缺点是焊接时电弧不够稳定。交流弧焊机主要有动铁心式、同体式和动圈式三种，如图 9-2 所示。

（2）直流弧焊机

直流弧焊机供给焊接时的电流为直流电。它具有电弧稳定、引弧容易、

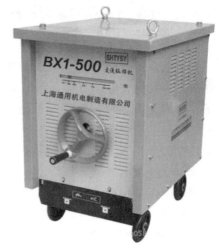

图 9-2　交流弧焊机

焊接质量较好的优点，但是直流弧焊发电机结构复杂、成本高、维修困难。在焊接质量要求高或焊接 2mm 以下薄钢件、有色金属、铸铁和特殊钢件时，宜用直流弧焊机。直流弧焊机分为两大类：一类是旋转式直流弧焊机，另一类是焊接整流器。旋转式直流弧焊机是一种专供电弧焊用的特殊型式的发电设备，由发电机和原动机两部分组成。整流式直流弧焊机由主变压器、整流器组、调节装置和冷却风扇等装置组成。由于这类弧焊机多采用硅整流元件进行整流，又称为硅整流弧焊机。逆变弧焊整流器是一种新型直流电源，具有体积小、质量小、高效、节能、动态响应好等优点，如图 9-3 和图 9-4 所示。

图 9-3　逆变弧焊整流器

图 9-4　硅整流弧焊机

2. 焊条

（1）焊条的组成

涂有药皮的供弧焊用的熔化电极称为电焊条，简称焊条。焊条由焊芯和药皮（涂层）组成。通常在焊条前端，药皮有 45° 左右的倒角，这是为了将焊芯金属露出，便于引弧。在尾部有一段焊芯，约占焊条总长的 1/16，以便于焊钳夹持和导电，如图 9-5 所示。

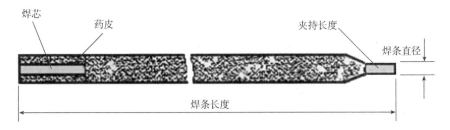

图 9-5　焊条的组成

1）焊条中被药皮包覆的金属芯称焊芯。焊条电弧焊时焊芯与焊件之间产生电弧并熔化为焊缝的填充金属。焊芯既是电极又是填充金属。

2）涂敷在焊芯表面的涂层称为药皮。它由矿石粉、铁合金粉和水玻璃等配制而成。药皮的作用是使电弧容易引燃并稳定燃烧，保护熔池内金属不被氧化，以及补充被烧损的合金元素，提高焊缝的力学性能。

（2）焊条的分类

1）焊条的种类按用途不同分为：碳钢焊条、低合金焊条、不锈钢焊条、堆焊焊条、铸铁焊条、镍和镍合金焊条等。

2）按药皮的性质不同分为：酸性焊条（酸性氧化物为主）、碱性焊条（碱性氧和萤石为主）。酸性焊条能交直流两用，焊接工艺性能较好，但焊缝的力学性能，特别是冲击韧性较差，适用于一般低碳钢和强度较低的低合金结构钢的焊接，是应用最广的焊条。碱性焊条脱硫、脱磷能力强，药皮有去氢作用。焊接接头含氢量很低，故又称为低氢型焊条。碱性焊条的焊缝具有良好的抗裂性和力学性能，但工艺性能较差，一般用直流电源施焊，主要用于重要结构（如锅炉、压力容器和合金结构钢等）的焊接。

（3）焊条的选用

焊接时焊条在作为电极的同时，又作为填充材料与液态母材熔合形成焊缝。因此，焊条的选择和使用直接影响到焊缝的化学成分和使用性能，是焊接准备工作中的一个重要环节。

在选用焊条时应考虑以下问题：

1）焊缝金属的使用性能要求。

2）焊件的形状、刚性和焊缝位置。

3）焊缝金属的抗裂性。

4）操作工艺性。

5）设备及施工条件。

6）经济合理性。

（4）焊条电弧焊常用辅助工具

焊条电弧焊设备除了弧焊机之外，还有很多辅助工具，如焊钳、面罩、敲渣锤、钢丝刷，以及电缆线和其他劳动防护用品，如图9-6所示。

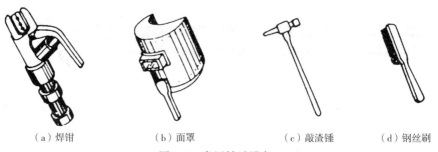

（a）焊钳　　　　　　（b）面罩　　　　　　（c）敲渣锤　　　　　（d）钢丝刷

图9-6　常用辅助设备

9.2.3　焊条电弧焊焊接工艺

1. 焊接接头

1）焊接接头由焊缝、熔合区、热影响区及其临近的母材组成。

2）焊接接头的作用：在焊接结构中焊接接头起两方面的作用：第一是连接，即把两焊件连接成一个整体；第二是传力，即传递焊件所承受的载荷。

3）焊接接头的形式主要有对接接头、搭接接头、角接接头和 T 形接头等，如图 9-7 所示。

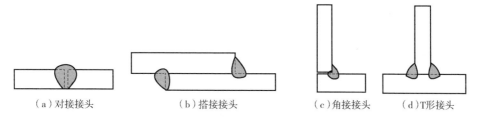

　（a）对接接头　　　　　　（b）搭接接头　　　　（c）角接接头　　　（d）T形接头

图 9-7　焊接接头形式

2. 坡口形式

1）根据设计或工艺需要，在焊件的待焊部位加工成一定几何形状的沟槽叫坡口。

2）坡口的作用：保证焊缝根部焊透，使焊接电源能深入接头根部，以保证接头质量，同时还能起到调节基体金属与填充金属比例的作用。

3）选择坡口的原则：

①能够保证工件焊透，且便于焊接操作。

②坡口形状应容易加工。

③尽可能提高焊接生产率和节省焊条。

④尽可能减少焊后工件的变形。

4）坡口形式：常见的坡口形式有 I 型（不开坡口）、U 型、X 型、V 型等，如图 9-8 所示。

3. 焊接的空间位置

依据焊缝在空间的位置不同，焊条电弧焊有平焊、立焊、横焊和仰焊四种，如图 9-9 所示。

1）平焊易操作，劳动条件好，生产率高，焊缝质量易保证，所以焊缝布置应尽可能放在平焊位置。

2）立焊、横焊和仰焊时，由于重力作用，被熔化的金属要向下滴落而造成施焊困难。因此，应尽量避免。

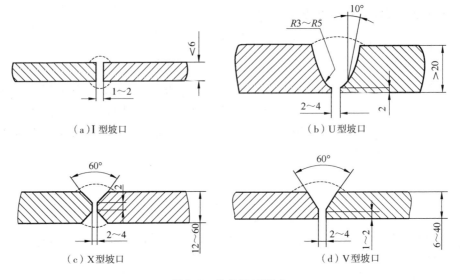

图9-8　常见坡口形式

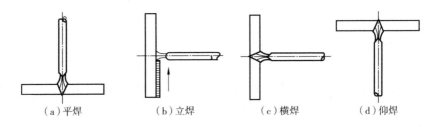

图9-9　焊接的空间位置

4. 焊接参数的选择

选择合适的焊接参数，对提高焊接质量和提高生产效率十分重要。焊条电弧焊的焊接参数主要包括焊条直径、焊接电流、电弧电压、焊接速度和预热温度等。

（1）焊条直径

焊条直径要根据焊件厚度、焊接位置、接头形式、焊接层数等进行选择。一般厚度越大，选用的焊条直径越粗。焊条直径与焊件的关系见表9-1。

表9-1　焊条直径与焊件的关系

焊件厚度/mm	≤2	3～4	5～12	>12
焊条直径/mm	2	3.2	4～5	≥5

（2）焊接电流

焊接电流越大，熔深越大，焊条熔化快，焊接效率也高，过大则容易造成烧穿和咬边等缺陷。焊接电流太小，引弧困难，焊条容易粘连在工件上，电弧不稳定，易产生未焊透、未熔合、气孔和夹渣等缺陷。因此选择焊接电流，应根据焊条直径、焊条类型、焊件厚度、接头形式、焊接位置及焊道层次来综合考虑。首先应保证焊接质量；其次应尽量采用较大的电流，以提高生产效率。

（3）焊接速度

焊接速度是指焊接过程中焊条沿焊接方向移动的速度，即单位时间内完成的焊缝长度。焊接速度过快会造成焊缝变窄，严重凸凹不平，容易产生咬边及焊缝波形变尖；焊接速度过慢会使焊缝变宽，余高增加，功效降低，变形量增大，如图 9-10 所示。

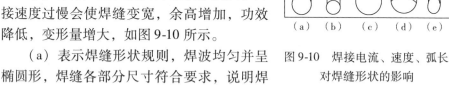

图 9-10　焊接电流、速度、弧长对焊缝形状的影响

（a）表示焊缝形状规则，焊波均匀并呈椭圆形，焊缝各部分尺寸符合要求，说明焊接电流和焊接速度选择合适。

（b）表示焊接电流太小，电弧不易引出，燃烧不稳定，弧声变弱，焊波呈圆形，堆高增大，熔深减小。

（c）表示焊接电流太大，焊接时弧声强，飞溅增多，焊条往往变得红热，焊波变尖，熔宽和熔深都增加。焊薄板时易烧穿。

（d）表示的焊缝焊波变圆且堆高，熔宽和熔深都增加，这表示焊接速度太慢。焊薄板时可能会烧穿。

（e）表示焊缝形状不规则且堆高，焊波变尖，熔宽和熔深都小，说明焊接速度过快。

掌握合适的焊接速度有两个原则：一是保证焊透，二是保证要求的焊缝尺寸。

（4）电弧长度

电弧长度是焊芯的熔化端到焊接熔池表面的距离。在焊接过程中，电弧长短直接影响着焊缝的质量和成形。如果电弧太长，电弧飘摆，燃烧不稳定、飞溅增加、熔深减小、熔宽加大，熔敷速度下降，而且外部空气易侵入，造成气孔和焊缝金属被氧或氮污染，焊缝质量下降。若弧长太短，熔滴过渡时可能经常发生短路，使操作困难。

正常的弧长是小于或等于焊条直径，即所谓短弧焊。超过焊条直径的弧长为长弧焊，在使用酸性焊条时，为了预热待焊部位或降低熔池的温度和加大熔宽，有时将电弧稍微拉长进行焊接。碱性低氢型焊条，应用短弧焊，以减少气孔等缺陷。

▌9.2.4 焊条电弧焊基本操作

1. 引弧

引燃并产生稳定电弧的过程称为引弧。电弧引燃有两种方法：一种叫划擦法，另一种叫直击法。划擦法便于初学者掌握，但容易损坏焊件表面，特别是位置狭窄或焊件表面不允许损伤时，就不如直击法好。直击法必须熟练地掌握好焊条离开焊件的速度和距离。

工作台焊接演示

（1）划擦法

划擦法的动作似擦火柴，将焊条在焊件上划动一下（划擦长度约20mm），即可引燃电弧。当电弧引燃后，立即使焊条末端与焊件表面的距离保持在 3～4mm，以后使弧长保持在所用焊

引弧

条直径相适应的范围内就能保持电弧稳定燃烧。划擦法如图9-11a 所示。

（2）直击法

直击法是将焊条末端与焊件表面垂直地接触一下，然后迅速把焊条提起3～4mm，产生电弧后，使弧长保持在稳定燃烧范围内。直击法如图9-11b 所示。引弧时焊条提起动作要快，否则容易粘在工件上。如发生粘条，可将焊条左右摇动后拉开，若拉不开，则要松开焊钳，切断焊接电路，待焊件稍冷后再做处理。

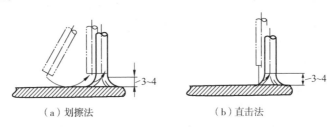

（a）划擦法　　　　　　　　　（b）直击法

图 9-11　引弧方法

2. 焊条的运动控制

电弧引燃后，焊条与工件应保持一定的位置进行运动，焊条的运动控制包括运条方法、焊条角度及焊条的基本动作，焊条的运动控制直接关系到能否获得优良的焊缝。

（1）运条方法

在焊接实践中运条的方法很多，根据不同的焊缝位置、焊件厚度、接头形式等因素，有许多运条方法。常见的运条方法如图9-12 所示。

（2）焊条角度

焊条电弧焊为熔焊，焊接过程中如果焊缝两边受热情况不一样，那么熔化程度也不同，熔池就会发生偏移。因此，焊接时保持一定的焊条角度是保证焊条质量和成形好坏的重要因素，焊条角度如图9-13 所示。

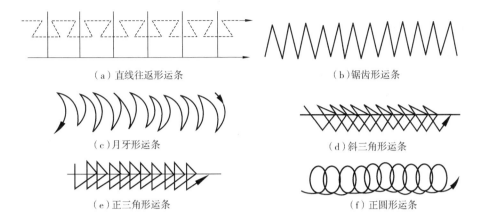

（a）直线往返形运条　　　　　　　　（b)锯齿形运条

（c)月牙形运条　　　　　　　　　　（d)斜三角形运条

（e)正三角形运条　　　　　　　　　（f)正圆形运条

图 9-12　常见运条方法

（3）焊条三个基本运动操作

焊接时，焊条应有三个基本运动：

1）焊条向下送进，送进速度应与焊条的熔化速度相等，以便维持弧长不变。

2）焊条沿焊接方向向前运动，其速度也就是焊接速度。

3）横向摆动，焊条以一定的运动轨道周期地向焊缝左右摆动，以获得一定宽度的焊缝，如图 9-14 所示。

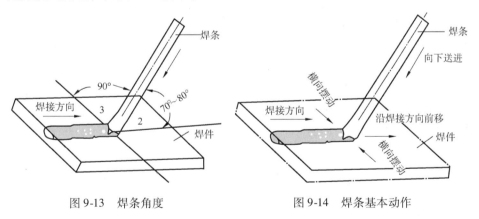

图 9-13　焊条角度　　　　　　　　　图 9-14　焊条基本动作

3. 收尾方法

在焊缝焊完时，不应在焊缝尾处出现尾坑。如果收尾时立即拉断电弧，则会在焊缝尾部出现低于焊件表面的弧坑，所以焊缝的收尾不仅要熄弧，还要填满弧坑。一般的收尾方法有三种：

1）划圈收尾法。焊条移至焊道终点时，做圆圈运动，直到填满弧坑再拉断电弧。此法适用于厚板焊接，对于薄板则有烧穿的危险。

2）反复断弧收尾法。焊条移至焊道终点时，在弧坑上需做数次反复熄弧-引弧，直到填满弧坑为止。此法适用于薄板焊接。但碱性焊条不宜用此法，因为容易产生气孔。

3）回焊收尾法。焊条移至焊道收尾处即停止，但未熄弧，此时适当改变焊条角度。碱性焊条宜用此法。

9.2.5 焊接的相关特性

1. 焊接的缺陷

焊接完成后，焊接过程中由于操作不当会产生各种缺陷（图9-15），常见的有：

1）未焊透：焊接电流过小、焊接速度太快、坡口角度太小或装配间隙太小、电弧过长等易形成未焊透等缺陷。

2）气孔：焊件表面焊前清理不良，药皮受潮，焊接电流过小或焊接速度过快，使气体来不及逸出熔池。

3）烧穿：烧穿是指焊接过程中，熔深超过工件厚度，熔化金属自焊缝背面流出，形成穿孔性缺陷，焊接电流过大，速度太慢，电弧在焊缝处停留过久，都会产生烧穿缺陷。工件间隙太大，钝边太小，也容易出现烧穿现象。

4）夹渣：接头清理不良、焊接电流过小、运条不当、多层焊时前道焊缝的熔渣未清除干净等，易产生夹渣缺陷。

5）焊瘤：焊缝中的液态金属流到加热不足未熔化的母材上，或从焊缝根部溢出，冷却后形成的未与母材熔合的金属瘤。焊条熔化过快、焊条质量欠佳（如偏芯）、焊接电源特性不稳定及操作姿势不当等都容易带来焊瘤。在横、立、仰焊位置更易形成焊瘤。

6）咬边：焊接电流过大、电弧过长、运条方法不当等会形成咬边。

7）裂纹：不正确的预热和冷却、不合理的焊接工艺（如焊接次序）、钢的含硫量过高等均会形成裂纹。

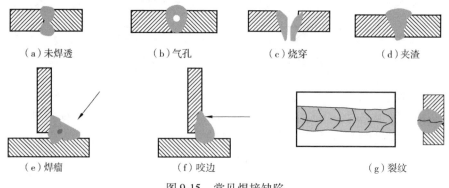

(a)未焊透　　(b)气孔　　(c)烧穿　　(d)夹渣

(e)焊瘤　　　(f)咬边　　　(g)裂纹

图9-15　常见焊接缺陷

2. 焊接应力和变形

金属构件在焊接以后，总是要发生变形和产生焊接应力，且二者是相伴的，金属在焊接过程中受到局部加热和冷却是产生焊接应力和变形的主要原因。

焊接应力的防止及消除措施如下：

1）结构设计要避免焊缝密集交叉，焊缝截面和长度要尽量小。

2）采取合理的焊接顺序，使焊缝较自由的收缩。

3）焊缝仍处在较高温度时，锤击或碾压焊缝使金属伸长能减少残留应力。

4）焊前预热可减少工件温差，减少残留应力。

5）焊后应进行去应力退火，消除残留应力。

■9.2.6　焊条电弧焊安全操作规程

1. 焊前检查

1）操作前检查工作环境，确定无安全隐患方可施焊。

2）检查焊机是否接地，电缆等是否绝缘良好。

2. 防止触电

1）戴好焊接专用绝缘手套，穿绝缘胶底鞋。

2）不准裸手接触焊接设备导电部分。

3）保持手套衣服的干燥，切勿倚靠带电的工作台。

3. 防止弧光伤眼和烫伤

1）按要求穿戴工作服，戴工作帽。

2）焊接时必须用面罩护面并互相提醒，以免弧光伤害自己及他人。

3）焊完的焊条头不能超过40mm，应丢在固定的角落，避免火灾和踩踏滑倒。

4）除渣时小心避免焊渣烫伤。

5）被焊工件只许用火钳夹持。

4. 设备安全

1）线路必须紧密连接，防止因接触不良而发热。

2）焊接设备发热烫手时，必须停止操作。

3）焊钳任何时候严禁与工作台接触，防止短路烧坏焊机。

4）焊接完成后切断电源。

5. 焊后检查

焊接完成后检查工作场地是否有安全隐患，清扫场地。

9.3 焊条电弧焊实训操作

本实训室实训内容为两根 φ12mm 钢筋的并排连接。

9.3.1 拼接

将待焊接钢筋摆放成待施焊状态，如图 9-16 所示。

焊接前的准备

9.3.2 点固

将拼接好的钢筋的两个端点点固起来，防止在焊接开始时移动和焊接过程中发生变形，点固时要注意不要在钢筋上起弧，在起弧板上引燃电弧后，将电弧拉长（过程中不要断弧）拖至钢筋的端点处点固，如图 9-17 所示。

固定焊件

图 9-16　摆放　　　　　　　　图 9-17　点固

9.3.3 焊接

焊接过程中严格控制焊接角度、电弧长度以及焊接速度，运条方法采用较容易掌握的锯齿形运条法，焊条在运条过程中要做到匀速平稳，以获得美观无缺陷的焊缝。收尾采用较常用的划圈收尾法，如图 9-18 所示。

图 9-18　焊接后的工件

9.3.4 焊后清理

焊接完成后要敲掉熔渣，检查焊缝是否存在焊接缺陷，

降温处理

检查焊接质量。清理过程中要特别注意避免高温熔渣飞溅，烫伤自己和他人。
实训结束后，检查工作场地是否有安全隐患，清扫场地。

思考题

1. 焊条电弧焊是属于哪一种焊接类型？
2. 简述焊条电弧焊的优缺点。
3. 起弧时出现焊条和工件粘连应该怎么处理？
4. 简述焊接速度与工件厚度、焊接电流的关系。
5. 焊接变形应该怎么预防？若变形已发生，如何进行后期处理？
6. 焊前及焊后的安全检查包括哪些方面？

第 *10* 章

材料连接

教学重点与难点

- 材料连接的定义和分类
- 材料连接的常用工具
- 连接方式的选择

10.1　概　　述

在日常生活中，很多物件都由同种或不同种材料通过多种连接方式连接而成，如桌椅、门窗等，这种连接件达到了80%以上。在如今知识经济时代，材料连接技术的应用更为广泛，大至机械工程、航空航天，小到微电子产品。随着科学技术，特别是新材料的不断发展，材料连接技术也得到了迅猛发展，新型材料的连接面临着严峻挑战。因此，在工作和生活中，了解和掌握一定的材料连接技术有着极其重要的意义。

材料连接的定义：材料通过机械、物理、化学和冶金方式，由简单型材或零件连接成复杂零件和机器部件的工艺过程称为连接技术。

机械连接是指用螺钉、螺栓和铆钉等紧固件将两个分离的型材或零件连接成一个复杂零件或部件的过程。相互间的连接是靠机械力来实现的，随机械力的消除接头可以松动或拆除。其主要用于机架与机器的装配、易损件的连接等。

物理和化学连接是通过毛细作用、分子间力的作用或者相互扩散及化学反应作用，将多个分离表面连接成不可拆接头的过程。它主要有胶接和封接两种工艺，主要用于异种材料和非金属材料之间以及复杂零件之间的组装连接。

冶金连接是通过加热或加压（或两者并用）使两个分离表面达到原子或

分子间结合而获得不可拆接头的工艺过程。主要用于金属材料及金属结构的连接，通常称为焊接。

焊接、机械连接、胶接统称为三大连接技术。因焊接技术在第 9 章已介绍，所以本章主要介绍其他连接技术。

10.2　机 械 连 接

在机械制造过程中，一些零件或部件运行一段时间后需要维护保养或更换，有时需要与其他零件连接为可拆卸的连接形式，如活塞头与活塞杆，曲柄与连杆机构，离合器和制动器与轴的连接，工装夹具中的定位与夹紧元件及组合夹具中的各元件之间的连接等，这些都是典型的机械连接结构。

10.2.1　机械连接的分类

按连接件的形式不同，机械连接可分为螺纹连接、铆钉连接、销钉连接、扣环连接和快动件连接五类。

1. 螺纹连接

螺纹连接是依靠螺纹和螺纹之间的相互咬合实现工件连接的，如图 10-1 所示。螺纹连接主要包括螺钉、螺栓、螺母和螺纹嵌入件。螺纹的型号有很多种，在使用时可以根据不同的使用要求选择合适的螺纹型号。

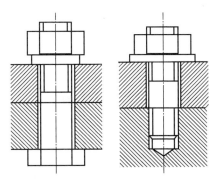

图 10-1　螺纹连接

一般情况下，螺钉与螺孔一起使用，但有时也和螺母一起使用，如机器螺钉和螺栓，一般螺钉比螺栓小。

螺纹连接运用广泛，其具有可调节性能和可拆卸性能。在制造设备和日常用品中，被连接零件的相对位置不是固定不变的，需要根据不同的使用情况不断调整。不同的螺纹型号都有相对应的导程，通过旋转螺纹就可以调整被连接零件的相对位置。比如机械设备的工作台、活动扳手的开口调整等，如图 10-2 和图 10-3 所示。

行驶的汽车随处可见，而汽车是由成百上千的零件组装而成的。很多零件在使用过程中都会有不同程度的磨损甚至损坏，需要维护保养和更换。为了方便拆卸修理，这些零件的连接方式通常采用螺纹连接。另外，螺纹连接有可靠的连接强度，能够保证汽车的安全行驶。在机械制造和日常生活中，此类的结构件很多,其连接方式也大量采用了螺纹连接,正是因为螺纹连接的可拆卸性能。

图 10-2　机床工作台的位置移动

图 10-3　活动扳手的开口调整

2. 铆钉连接

利用铆钉把两个或两个以上的零件或部件连接成为一个整体叫铆钉连接。铆接常常用作永久性连接。铆钉是用钉体部分的直径和长度来形容其规格。铆钉帽可以采用各种形式,以满足各种具体需要。

铆钉连接是一种独立的连接技术,其应用非常广泛,可以按照很多方式分类。铆钉连接按用途分类可分为活动铆接,结合件可以相互转动(如剪刀、钳子);固定铆接,结合件不能相互活动;密封连接,铆缝严密,不漏气体或液体。铆钉的形式也有很多种,常用的有平头、半圆头、抽芯铆钉、沉头铆钉、空心铆钉,如图 10-4 所示。使用时根据不同的需求选择合适的铆钉,铆钉通常是用自身形变连接被铆接件。

(a)平头铆钉　　　(b)沉头铆钉　　　(c)半圆头铆钉　　　(d)空心铆钉

图 10-4　铆钉种类

抽芯铆钉是一类单面铆接用的铆钉,由铆体和钉芯两部分构成,使用时需要专用工具铆钉枪配合使用。铆接时,铆钉钉芯由铆枪拉动,使铆体不断变形膨胀,当铆体变形到一定程度将工件压紧之后,钉芯就会自动断裂,而铆体留在工件上面,完成对工件的连接。这类铆钉特别适用于不便采用普通铆钉(须从两面进行铆接)的铆接场合,故广泛用于建筑、汽车、船舶、飞机、机器、电器、家具等产品上。图 10-5 列举了不同类型的铆钉,其中以开口型扁圆头抽芯铆钉应用最为广泛,沉头型抽芯铆钉适用于表面需要平滑铆接的场合。具体铆接过程如图 10-6 所示。

（a）开口型抽芯铆钉　　　　（b）沉头型抽芯铆钉　　　　（c）手动铆钉枪

图 10-5　不同类型的抽芯铆钉和专用工具

　　另外，铆钉连接也可以利用手工进行铆接。手工铆接时，首先应根据铆钉的材质和大小确定铆接方法，即采用冷铆接还是热铆接。冷铆接可在常温下直接进行，热铆接须将铆钉加热，增加其塑性之后方

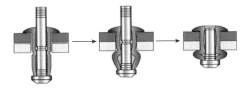

图 10-6　铆接过程

可进行。一般铜质、铝质和直径 6mm 以下的钢质铆钉采用冷铆接，直径在 8mm 以上的钢质铆钉采用热铆接。在没有铆接工具的情况下，一般采用冷铆接。冷铆接时，首先将铆接件划线钻孔，将合适的铆钉插入铆孔中，用锤子敲击铆钉杆，然后均匀锤击被镦粗的铆钉杆四周，做成铆合头，修整之后，铆接即完成。

　　利用手工铆接的两工件之间，特别是在铆钉的铆接部位，不得有缝隙，铆合头不得有裂纹，铆合边要紧贴工件表面，否则应重新铆接。利用工具完成的铆接接头质量易于保证。

　　3. 销钉连接

　　销钉经常代替铆钉或螺栓，来实现零件之间的连接和定位。最常用的销钉有槽销、滚销、锥形销、开口销和活页销等。

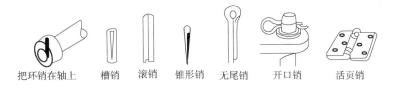

把环销在轴上　　槽销　　滚销　　锥形销　　无尾销　　开口销　　活页销

图 10-7　销钉连接接头及销钉

　　锥形销是一种圆锥体的销钉，一端直径较大，一端较小，如图 10-8 所示。在机械结构的装配和使用过程中，很多零件和零件之间的位置关系要求非常精确。为了保证装配精度，延长零件使用寿命，通常用锥形销进行高精度定位。使用时，为了方便下次拆卸，通常将销钉尾部加工出螺纹，拆卸时

用拔销器拔出。

活页销常用于门窗的连接，如图 10-9 所示。此类物件被连接后，需沿着一固定物件做圆周运动，而活页销便可实现。

图 10-8　锥形定位销

图 10-9　活页销

4. 扣环连接

扣环是用冲压或金属丝做成的盘形零件，能牢固地嵌入槽中，起限位或人工轴肩的作用，通常用在轴上，做轴向定位器使用，如图 10-10 所示。轴上一般都装有齿轮、链轮、带轮、联轴器、轴承等盘套类零件，这些零件在运转过程中容易做轴向窜动，为了限制其窜动，常用扣环连接进行定位，如卡簧。另外大型管道的紧固件一般也采用扣环连接。

图 10-10　扣环连接

5. 快动连接

快动连接是用来放开和扣紧弹簧压力的，如图 10-11 所示。快动连接主要用于薄金属板组装。按扣、快速接头都是常见的快动连接件。快速接头是一种不需要工具就能实现管路连通或断开的接头，如图 10-12 所示。

图 10-11　快动连接

图 10-12　快速接头

■ 10.2.2　机械连接的特点及应用

机械连接广泛应用于生活和生产中，但其具有一定的优缺点。

优点：1）强度易于保证，可靠性高。

2）可目检性好，易于现场修理。

缺点：接头易产生松动，密封性差，安装工艺复杂。

因为具有上述特点，机械连接主要用于受力不大，没有密封性要求，但要求可靠性高，可目检性好和易于修理的机器零部件的连接。如各类轮与轴之间的连接、连杆与活塞的连接、凸轮挺杆之间的连接等。

10.3　胶　　接

胶接是利用在连接面上产生的机械结合力、物理吸附力和化学键合力而使两个胶接件连接起来的工艺方法。

早在战国时期，中国就已经开始应用胶接技术。据记载，许多出土文物中都发现有胶接的痕迹，远古的胶粘剂都是由动物皮、角熬制出来的。至 20 世纪初，人类应用的胶粘剂只限于皮胶、骨胶、淀粉胶、松脂胶等天然产物。由于天然胶粘剂胶接强度低，耐热、耐水、耐老化性能差，不能满足现代工业技术的要求。20 世纪 30 年代出现了以合成高分子化合物（合成树脂、合成橡胶）为基料的合成胶粘剂，胶接性能大大提高。第二次世界大战期间，英国首先在战斗机上采用了金属胶接结构。1955 ~ 1956 年第一座跨度约为 56m 的全胶接钢结构的步行桥在联邦德国建成。20 世纪 60 年代初期，中国制造了全胶接金属旋翼的直升机。胶接技术在航天、机械、电子等领域的应用越来越广泛。

航空工业是胶接应用的重要部门。传统的飞机制造过程需要大量铆钉将金属板连接起来，一架小型飞机需要上万个铆钉，若采用胶接代替铆接，可使飞机重量减轻 20%，强度提高 30%。目前在各种军用飞机、民用飞机的制造过程中，许多部位均采用结构胶进行粘接和密封。不仅减轻了飞机的重量，改善了抗疲劳性和耐蚀性，并且具有节油提速、增加航程、工艺简单、降低成本、整体美观等特点。

■ 10.3.1　胶粘剂的概况

胶粘剂亦称粘接剂，俗称"胶"。凡是能形成一薄膜层，并通过这层薄膜将一物件与另一物件的表面紧密连接起来，起着传递应力的作用，而且满足一定的物理、化学性能要求的媒介物质统称为胶粘剂。

1. 胶粘剂的分类

胶粘剂的种类繁多，按胶粘剂基本组分的类型不同，胶粘剂分为有机胶（包括天然胶和合成胶）和无机胶（包括磷酸盐类、硼酸盐类、硅酸盐类、金属氧化物凝胶）两大类。

另外，还可按主要用途的不同将胶粘剂分为结构胶、修补胶、密封胶、软质材料用胶、特种胶（如高温胶、导电胶、点焊胶等）。

2. 胶粘剂的组成

胶粘剂不是单一的组成，一般由几种材料组成。配方不同，胶粘剂的性能也不同。

1）基料是胶粘剂的基本组分，通常由一种或几种高聚物混合而成。

2）固化剂能使线型结构的树脂转变成网状或体型结构的树脂，从而使胶粘剂固化。

3）增塑剂能改善胶粘剂的塑性和韧性，降低脆性，提高接头的抗剥离及抗冲击能力。

4）稀释剂的作用是降低胶粘剂的黏度，以便于涂胶施工。

5）填充剂能够增加胶粘剂的强度，改善耐老化性能，降低成本。

3. 胶接条件

两个被胶接物表面若要实现胶接，必要条件是胶粘剂应与被胶粘物表面紧密地结合在一起。被胶接物件表面涂胶后，胶粘剂通过流动、浸润、扩散和渗透等作用，形成足够的胶接力，得到满意的接头强度。这种胶接力是由化学键力、分子间力、机械结合力、界面静电引力、分子扩散形成的结合力等共同形成的。这些力的形成必须具备以下条件：

（1）胶粘剂必须容易流动

在两个被粘接物体表面合拢后，胶粘剂能自动流向凹面和缝隙处填满凹坑，在被胶接物表面形成均匀的胶粘剂液体薄层。为了使其充分流动，还可采用稀释剂调制，降低其黏度。根据特殊要求也可加入触变剂，在压力的作用下提高胶粘剂的流动性。

（2）液体对固体表面的湿润

当胶粘剂与被胶接物在表面上接触时，能够自动均匀浸润地展开，胶粘剂与被胶接物的表面浸润越完全，两个界面的分子接触的密度就越大，吸附力就越大。

（3）固体表面的粗糙化

胶接主要发生在固体的表面薄层，所以固体表面的特征对胶接接头的强度有着直接的影响。对胶接物表面适当地进行粗糙处理或增加人为的缝隙，可增大胶粘剂与被胶接物体接触的表面积，提高胶接强度。同时界面有了缝隙，又可将缝隙视为毛细管，表面产生毛细现象对粘接是非常有利的。

4. 胶粘剂的选择

胶粘剂的品种繁多，在胶接过程中，要得到更好的胶接件，首先要从不同类型的胶粘剂中挑选合适的胶粘剂。不合理地使用胶粘剂，不仅不能达到想要实现的目标，而且可能会损坏被粘接的物件。例如在生活中，我们日常穿的鞋子容易开胶破裂，对于破损较小的部位，只要进行修补便可继续使用。修补方法通常会采用胶接，而胶粘剂一般会选用最容易买到的 502 等。粘接完成后，使用时间不长就会重新开裂，甚至断裂。而到补鞋店里补鞋，选用的胶水不仅可以完成修补，还可以延长使用寿命。造成两种截然不同的结果的原因，不在于胶粘剂的好坏，关键在于胶粘剂的合理选择。因此，选用胶粘剂时应详细了解该类胶粘剂的功能特性和使用范围。

5. 胶粘剂的常用功能

胶粘剂的功能各不相同，其中胶粘剂的连接功能、密封功能、修补功能、绝缘功能在工程领域及生活中被广泛使用。

胶粘剂的主要功能是连接。粘接组件内的应力传递与传统的机械连接相比，应力分布更加均匀，而且粘接的组合件结构比铆接、焊接、螺纹连接等连接方式的强度高、成本低、重量轻，容易操作。用胶粘剂粘接的组合件外观平整光滑，而且功能特性较好。这一点对结构型粘接尤为重要。如宇航工业中的结构件外观平整光滑，有利于减少阻力与摩擦，将摩擦升温降到最低程度。故直升机的旋翼片全部采用胶接组装。

密封实际上是一种连续粘接，使用这种粘接方法，可以很容易地完成接头密封。胶粘剂具有较高的流动性，可以渗透到任何缝隙和凹坑并填满，固化后即完成了密封，防止产生破坏作用的气体和液体渗入。要求密封的接头，无论是采用机械连接还是焊接，都要在表面涂上密封胶。

一些制品或零件在长期使用过程中会遭到人为或自然破坏，产生裂纹，甚至破裂。对于金属制品，常规的修复方法是焊接，但焊接往往会使被修复的物件产生热变形和应力，尤其是很薄的金属，如果是难以焊接的材料或者是容易爆炸的场合，焊接更不适合采用。只能采用安全可靠的胶接进行修复。

胶粘剂的绝缘功能主要用在电气装配上。在电气装配过程中，有时会遇到空间狭小、线路分布密集的情况，此时的绝缘措施是相当麻烦的。而采用具有绝缘性能的胶粘剂便可轻松实现绝缘的目的。

胶粘剂的特征还有很多，如耐油、耐高温、阻燃等，不同的需求都有与之对应的胶粘剂。遇到此类问题时，一定要摒弃对胶接的狭隘认识，到专门出售各类胶粘剂的商铺寻求解决办法。可以在不需要借助其他工具的条件下

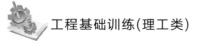

实现目的, 方便可靠。

10. 3. 2 胶接工艺

1. 胶接流程

胶接是一个比较复杂的物理和化学的复合过程, 如图 10-13 所示, 其中, 胶接质量的好坏与胶接工艺有着重要的关系。

(1) 表面准备

胶接表面准备的第一步是材料表面必须没有灰尘、氧化膜和液态物质, 任何液态物质被母材表面所吸附, 都将妨碍胶粘剂的渗透。

(2) 胶粘剂的涂敷和固化

胶粘剂可以用各种方法涂敷。例如, 可把环氧树脂配制成适当状态, 以便喷涂、涂刷、浸渍、滚涂、挤压和涂抹。热熔型胶粘剂常常用胶粘剂枪来喷涂。带型胶粘剂现在十分普遍, 因为它们不需再进行混合, 应用起来总能保持已知的均匀厚度。

(3) 固化时间

通过溶剂的挥发或加压可使胶粘剂交联固化。胶粘剂固化定位需要一定的时间, 达到最高强度也需要一定的时间, 因此在使用前应仔细阅读使用说明。

(4) 再活化组装

某些胶粘剂可以自固化, 即在零件组装前几天就可将胶粘剂涂敷上去, 组装时可用下述几种方法中的一种再活化:

1) 用吸有溶剂或同类型液态胶粘剂的海绵轻轻擦抹表面。

2) 用红外线灯或其他能达到再活化温度的方法加热已涂敷的胶粘剂。因为其呈黏稠状的时间短, 所以在活化之前的零件需固定。

图 10-13　粘接过程

2. 胶接接头形式设计

(1) 胶接接头受力形式

在实际使用中, 一个胶接接头不会只受到一个方向的力, 而是受到一种或几种力的合力。为了便于受力分析, 把实际的胶接接头受力简化为拉力、剪切力、剥离、劈裂几种形式 (图 10-14)。

(2) 设计原则

制造一个高质量的胶接接头主要与胶粘剂的性能、合理的胶接工艺和正确的胶接接头形式这三个方面有着不可分的关系。设计胶接接头时应考虑以

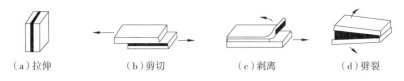

（a）拉伸　　　　（b）剪切　　　　（c）剥离　　　　（d）劈裂

图 10-14　胶接接头受力形式

下几点：

1）尽可能使胶接接头胶层受压、受拉伸和剪切作用，不要使接头受剥离和劈裂作用。

2）合理设计较大的胶接接头面积，提高接头承载能力。

3）为了进一步提高胶接接头的承载能力，应采用胶-焊、胶-铆、胶-螺栓等复合连接的接头形式。

4）设计的胶接接头应便于加工。

3. 胶接件的检验

评价粘接质量好坏最常用的方法就是测定粘接强度。粘接强度是胶接技术当中的一项重要指标，是指胶粘体系破坏时所需的应力，目前主要是通过破坏性试验获得数据，例如拉升或剪切试验获得强度数据。当然无损探伤也是一种方法，只是目前还不是很成熟，还需要发展改进。在实际操作前，可以先通过自己破坏粘接件的方法，大致估算胶粘是否能满足粘接要求。

拆除胶接件可以从剪切、撕裂等粘接强度薄弱的地方进行，分开后通过加热熔化残留在表面的固化的胶粘剂即可清理干净。针对粘接强度较高或者结构复杂的粘接件，上述方法可能较难完成，只能使用溶解剂清理。一般胶粘剂都有对应的溶解剂，但是在使用过程中应注意谨慎操作、小心使用，以免对人体、其他物件造成损伤。

4. 胶接的优缺点

（1）胶接的优点

1）胶接对材料的适应性强，既可用于各种金属、非金属本身之间的连接，也可用于金属与非金属之间的连接。

2）采用粘接可省去很多螺钉、螺栓等连接件，并可用于较薄的金属和非金属材料。

3）胶接接头的应力分布均匀，应力集中较小，因而耐疲劳性能好。

4）胶接接头的密封性能好，并具有耐磨蚀和绝缘等性能。

5）胶接工艺简单，操作容易，效率高，成本低。

（2）胶接的缺点

1）胶接强度比较低，一般仅能达到金属母材强度的 10%～50%，粘接接头的承载能力主要依赖于较大的粘接面积。

2）使用温度低，一般长期工作温度只能在 150℃ 以下，仅有少数可在 200～300℃ 范围内使用。

3）胶接接头长期与空气、热和光接触时，易老化变质。

4）因受多种因素影响，胶接接头品质不够稳定，而且难以检验胶接质量。

10.3.3 胶接技术的应用举例

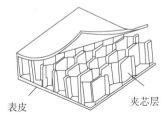

蜂窝夹层结构是由蜂窝夹芯和上下表皮粘接在一起组成的三层结构材料，如图 10-15 所示。制造蜂窝夹层是将涂有平行胶条的金属箔，按胶条相互交错和排列叠合起来，胶条固化后将多层金属箔粘接在一起，再在专用设备上拉伸成蜂窝格子。蜂窝夹层结构重量很轻，在航空和航天工业中得到了广泛的应用，如图 10-16 所示。

图 10-15　蜂窝夹层结构

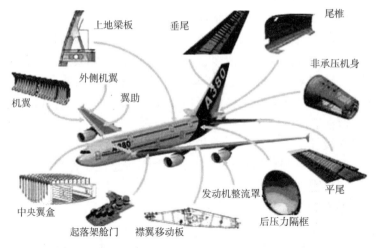

图 10-16　蜂窝夹层结构在飞机上的应用

10.3.4 常用胶粘剂

1. 502 胶水

502 胶水是通过先进生产工艺合成的单组分瞬间固化胶粘剂。无色透明、低黏性、易挥发，挥发气体具有微量刺激气味。遇潮湿水汽即被催化，须迅速完成粘接，固化后无毒，有瞬间胶粘剂之称。

502 胶水是一种常用胶粘剂，其典型的外观如图 10-17 所示，在大多数五金店均可买到。但是，在 502 胶水的使用中常存在误区，这主要是因为使用

502 胶水完成粘接后，粘接部位呈脆性状态，不适用于要求塑性状态的接头。它广泛用于有色金属、非金属陶瓷、玻璃、木材及柔性材料等自身或相互间的粘合，对于多孔性及吸收性材质最能显示其粘接特性，但对部分工程塑料等难粘材料，表面需要先进行特殊处理，如除尘、除油污、打磨粗糙等，方能完成粘接。

502 胶水具有单一成分、瞬间粘接、常温固化、使用方便等特点，因此无论是在工业上还是在生活上都大量使用。但是在使用过程中容易将手粘住或者滴到衣服上，造成一些麻烦，那么应该怎样清除呢？

1）清除 502 胶水最方便的方法，就是用温热湿毛巾敷在固化的 502 胶上面，或者用热水浸泡 5～10min，固化的 502 胶水就会变软，然后再清理即可。但是此方法只适用于清除表面光洁的被粘件。

2）在固化的 502 胶水上滴上相同的 502 胶水，待其融化变软后立刻清除。

3）利用该胶水的溶解剂丙酮来溶解清除固化的部分，但是丙酮为化学剂，具有一定的毒性，并对化纤有溶解性。如果没有丙酮，也可利用油漆稀释剂或者绝缘油。利用溶解剂溶解之后用清水清洗干净即可。在使用溶解剂清除的时候一定要小心使用，以防对身体或者其他物件造成伤害。

2. AB 胶

AB 胶是两液混合硬化胶的别称，是一种双组分环氧树脂胶水，由本胶和硬化剂两部分组成。两液混合后才能固化。使用时，按一定比例取 A 胶和 B 胶调和搅拌后使用。一般用于工业，如图 10-18 所示。

图 10-17　502 胶水

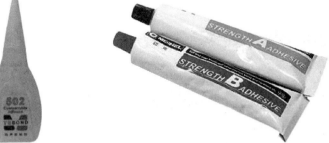

图 10-18　AB 胶

通常使用的 AB 胶 A 组分含有催化剂及其他助剂，B 组分是改性胺或其他硬化剂，或含有催化剂及其他助剂，A 组分和 B 组分按一定比例混合。催化剂可以控制固化时间，其他助剂可以控制性能，如黏度、钢性、柔性、黏合性等等。市场上所售 AB 胶性能在配方上已经确定，一般改变不大，倘若需要有较大的改变，需要向生产厂家提出定制。市场上的 AB 胶混合后，25℃时历时 5min 即可干透，温度越高干透时间越短。另外，可以粘结塑料与塑料、塑料与金属、金属与金属，粘结后剥离需要刀具或热熔分离。塑料与塑料粘结效果极好，几乎等同 ABS 的强度，广泛用于手工制作改进。环氧树脂 AB 胶是双组分的环氧树脂胶，它除具有一般环氧树脂胶所具有的高粘接强度、高硬度、高抗化学性外，还具有抗黄变效应。即使在垂直面或吊顶天花板上涂刮也不流挂，安全环保。

AB 胶的使用方法如下：

1）将待粘合面的油质尘垢等污物擦掉，使其干燥。

2）将 A、B 按重量比 1:1 用涂胶片混合，3min 内涂胶（室温），在指压下粘接，5～10min 定位，30min 达到最高强度的 50%，24h 后达到最高强度。

3）充分固化需 24h。

AB 胶具有很高的粘接强度，但是也存在一些不足，如固化时间长、手工混合不匀造成固化不良、气味比较重等。

AB 胶可以通过加温进行清除，例如用电吹风烘烤，使固化的 AB 胶熔化，然后清理。对于不能加热的材料，可利用丙酮、汽油等溶解剂溶解清理。

3. 热熔胶

热熔胶是一种可塑性的粘合剂，在一定温度范围内其物理状态随温度改变而改变，而化学特性不变，其无毒无味，属环保型化学产品。

热熔胶由基体树脂、增粘剂、增塑剂、抗氧剂及填料组成。使用时利用热量将热熔胶熔化，熔化后的胶变成一种液体，通过热熔胶机的熔胶管或热熔胶枪，送到粘合物的表面，冷却之后完成粘接，如图 10-19 和图 10-20 所示。

图 10-19 热熔胶块

图 10-20 热熔胶棒

热熔胶粘接力强，适用温度范围宽，具有良好的耐热性、耐寒性、耐腐蚀性和热稳定性，固定性好，抗滑移，粘接强度高，大量应用于印后装订。

一般来说，黄色热熔胶比白色热熔胶黏性更好。使用热熔胶时，若被粘接物本身对颜色没有特殊要求，推荐使用黄色热熔胶。热熔胶对被粘接物的表面预处理要求没有其他粘合剂那么严格，但被粘接物表面的灰尘、油污也应先进行适当的处理，才能使热熔胶更好地发挥粘合作用。另外，热熔胶对温度比较敏感。温度达到一定程度，热熔胶会开始软化；低于一定温度，热熔胶会变脆，所以要选择热熔胶，必须充分考虑到被粘接的产品所在环境的温度变化。

如果待连接件是表面光滑的物件，则固化的热熔胶可以直接用撕裂的方式清除。若表面不光滑，则只能采用溶解剂来清除。

4. 特种胶粘剂

近 20 年来，随着科技的不断发展，我国的特种胶粘剂研究在制造技术、产品品种和产品性能等方面都有长足的进步，研制出高性能的胶粘剂新品种数千种。高耐温、超低温、高强度、耐湿热、长寿命、多功能等一批新品种胶粘剂的研制成功，为解决工业制造过程中的诸多技术难题做出了突出贡献。

特种胶粘剂可以从如下几方面进行分类。按照性能的不同可以分为耐极限环境、高低温、超柔韧、低密度、耐烧蚀等；按照应用领域的不同可以分为空间飞行器、核设施、电子器件、医疗、兵器、文物、微小器件等；按照固化工艺的不同可以分为光固化、辐射固化、湿固化、微波固化等。

（1）光学透明胶粘剂

光学透明胶粘剂主要用于粘接光学透明原件。光学透明胶粘剂一般需要符合如下要求：无色透明，在指定的光波波段内透光率能够大于 90%，并且固化后的折射率与被粘光学原件的折射率相近；在使用范围内粘接强度良好；胶的模量低，固化后延伸率大，同时固化收缩率小，不会引起光学原件表面的变化；耐冷热冲击、耐振动、耐油，操作性能好，对人体无害或低毒性等。实际工作中，要满足上述所有要求具有一定的难度，须根据具体粘接要求进行选择。

光学透明胶粘剂可分为天然树脂光学胶和合成树脂光学胶两大类。天然树脂光学胶具有天然的不结晶性，遮光率接近于光学玻璃，透明度高，能迅速固化，便于拆胶返修等特点。而合成树脂光学胶由于粘接强度高，耐高低温性能好，能在振动、辐射等苛刻条件下工作，逐渐成为主要的光学透明胶粘剂。

（2）光敏胶粘剂

光敏胶粘剂也叫光固化胶粘剂，是指在紫外线等光源的照射下固化粘合的一类胶粘剂。其种类包括可见光、紫外光和电子束固化型胶粘剂。使用光敏胶进行粘接时，被粘合物必须有一面是可以透过紫外线的，光线穿透照射到胶水上方能固化。有一些很薄的非透明薄膜在高强度的紫外线照射下也可以实现粘合。

光敏胶最大的特点是可以高速度粘合，流水线的生产速度可以达到200m/min。所用紫外线光源的强度越大，光照射距离越近，照射角度越倾向于垂直，固化速度越快。

光敏胶一般分为表干型光敏胶和非表干型光敏胶两类，非表干型光敏胶使用很高的紫外线功率照射，暴露在空气中的胶液也总是黏糊糊的；表干型光敏胶可以在瞬间紫外线照射下表干。

光敏胶主要应用于透明材料的粘接，如玻璃工艺品、光学透镜、彩色玻璃组架、电子部件的灌封、液晶显示板、印制包路板等。

（3）医疗胶粘剂

实际上，胶粘剂在医疗上应用历史已经很悠久了，但直到近几十年才得到了迅速的发展。1960年，首次将丙烯酸骨水泥用于人工髓关节的手术获得成功。自20世纪70年代开始，随着医用高分子材料学科的迅速发展，医用粘合剂的研究、开发与应用也不断发展。20世纪80年代，生物医用胶也开始应用于临床。近年来，医用胶粘剂的发展更为迅速，逐步实现了品种多元、功能专一的系列产品，在医疗上的应用也越来越广泛。目前，医用胶粘剂主要用于牙科及骨骼修复手术，预计在未来十年内其市场将显著增长。

10.4 项目实训

■ 10.4.1 常用连接工具

1. 点焊机

点焊机在汽车制造、铁艺五金、汽车配件、压缩机等行业应用广泛，点焊机包括脚踏式（图10-21）、电动机-凸轮式、气压式、液压式、复合式等。在使用点焊机时，为了获得一定强度的焊点，可以采用大电流和短时间焊接，也可采用小电流和长时间焊接。点焊机是采用双面双点过流焊接的原理，工作时两个电极加压工件使两层金属在两电极的压力下形成一定的接触电阻，而焊接电流从一电极流经另一电极时，在两接触电阻点形成瞬间的热熔接，且焊接电流瞬间从另一电极沿两工件流至此

图 10-21　脚踏式点焊机

电极形成回路，不会伤及被焊工件的内部结构。

在材料连接课程中，铁制品之间的连接经常会用到点焊机。同时，点焊机操作起来相对比较安全，适合高校的实训课堂。在使用点焊机时需要遵循以下几个步骤：

第一步：焊件准备。首先清除一切脏物、油污、氧化皮及铁锈。对热轧钢，最好把焊接处先经过酸洗、喷砂或用砂轮清除氧化皮。未经清理的焊件虽能进行点焊，但是会严重地降低电极的使用寿命，同时降低电焊的生产效率和质量。

第二步：调整。调节电极杆的位置，使电极刚好压到焊件时，电极臂保持互相平行。电流大小可根据焊件厚度与材质而选定。

第三步：焊接。焊件置于两极之间，轻踩脚踏板，使上电极与焊件接触并加压继续踩下脚踏板，电源触头开关接通，于是变压器开始工作，次级回路通电使焊件加热完成焊接。

2. 电钻

材料与材料之间的连接方式多种多样，但是，机械连接中的螺纹连接经常需要先钻孔，因此，学会正确使用电钻很有必要。

手电钻是一种常用的以交流电源或直流电池为动力的钻孔电动工具，是手持式电动工具的一种，主要用于在物件上开孔或洞穿物体，如图 10-22 所示。

图 10-22　手电钻

1）确保电路安全：在使用前和使用过程中要确保电路正常，连接电源的电线无破损、破皮漏电情况，如果有电线裸露，要用绝缘胶布包裹好，才能使用。

2）确保开关装置安全：手电钻不使用时要关闭开关，避免下一次使用通电后手电钻突然转动伤人。

3）使用前检查：手电钻在使用前，通电打开开关后应先空转几秒，检查传动部分是否灵活，有无异常杂音，螺钉等有无松动，换向器火花是否正常。

4）掌控方式要正确：用手电钻打孔时要双手紧握，尽量不要单手操作。

5）钻头选择正确：手电钻不能使用有缺口的钻头，钻孔时向下的压力不要太大，防止钻头打断。

6）钻孔力度要适中：手电钻在对物体钻孔操作时，力度不能太大，不能用猛力，以防钻头或丝攻飞出来伤人。

7）故障及时排除：手电钻使用中若发现整流子上火花大，电钻过热，必须停止使用，进行检查，如清除污垢、更换磨损的电刷、调整电刷架弹簧压力等，不能带病使用。

3. 热熔胶枪

热熔胶枪是手工制作中使用得比较多的工具，如图10-23所示。其主要功能是将热熔胶棒加热，进而按压出热熔胶进行粘接。使用热熔胶枪的步骤如下：

1）将热熔胶棒插入到胶枪中，一直插入到尽头。

图10-23　热熔胶枪

2）将热熔胶枪通电 3 ~ 5min，预热后，将出胶口对准要粘的部件，进行涂敷固化。

注意事项：

1）学生在进行 DIY 设计时，应先设计好作品，然后再通电加热使用胶枪。超过 10min 不使用时，最好关闭胶枪的电源，以免烧坏胶枪。

2）将胶枪上的小支架架在枪体前面的两个小孔里，支架支撑住热熔胶枪，要避免使用过程中高温枪头烫坏人体或桌子。

10.4.2　实训过程

由于材料连接的工艺品载体没有严格规定，一般能够运用多种连接方式的工艺品均可作为本实训课程的教学载体。因此，在此不一一列举可行性载体的制作步骤。

操作过程演示

学生可从前文中连接方式的分类中学习各种连接的本质特征，从连接工具这一节学习各种工具的正确使用方法，从而做到理论与实践相结合，做出一个使用不同材料，运用不同连接方式，具有使用价值或观赏价值的工艺作品。

 思考题

1. 材料连接是如何定义的？

2. 按连接件的形式不同，机械连接可以分为哪几类？

3. 抽芯铆钉由哪几部分组成？

4. 如果 502 胶水粘到了手上，该如何处理？

5. 生活中哪些地方用到了热熔胶？

第 *11* 章

钳 工 工 艺

■ **教学重点与难点**
- 钳工的工作特点及工作范围
- 钳工的基本操作技能
- 钳工常用工具及设备的作用和使用方法
- 鸭嘴锤制作

11.1 概　　述

■11.1.1　钳工的概念

钳工是手持工具对夹紧在钳工工作台台虎钳上的工件进行切削加工的方法，它是机械制造中的重要工种之一。

■11.1.2　钳工的工作特点及工作范围

1. 钳工的工作特点

1）加工灵活、方便，能够加工形状复杂、质量要求较高的零件。

2）工具简单，制造刃磨方便，材料来源充足，成本低。

3）劳动强度大，生产率低，对工人技术水平要求较高。

2. 钳工的工作范围

1）加工前的准备工作，如清理毛坯，毛坯或半成品工件上的划线等。

2）零件装配时的钻孔、铰孔、攻螺纹和套螺纹等。

3）加工单件零部件，如刮削或研磨机器、量具和工具的配合面，夹具与模具的精加工等。

4）机器的组装、试车、调整和维修等。

3. 钳工的分类

1）普通钳工：对零件进行装配、修整、加工的人员。

2）机修钳工：主要从事各种机械设备的维修、修理工作。

3）工具钳工：主要从事工具、刀具、模具的制造和修理工作。

4）装配钳工：按机械设备的装配技术要求进行组件、部件装配和总装配，并进行调整、检验和试车。

4. 钳工的基本操作技能

钳工的基本操作技能包括：划线、锯削、锉削、钻孔、铰孔、锪孔、攻螺纹、套螺纹等，如图 11-1 所示。

11.2　钳工的主要设备和常用工量具

■11.2.1　主要设备

钳工的一些基本操作主要在由工作台和台虎钳组成的工作场所来完成。

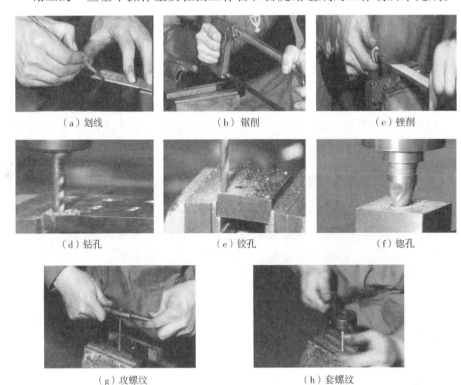

（a）划线　　　　　　　（b）锯削　　　　　　　（c）锉削

（d）钻孔　　　　　　　（e）铰孔　　　　　　　（f）锪孔

（g）攻螺纹　　　　　　　　　（h）套螺纹

图 11-1　钳工的基本操作技能

1. 钳工工作台

钳工工作台简称为钳台或钳桌，它一般用坚实木材制成，也有的用铸铁件制成，要求牢固和平稳，台面高度为 800~900mm，其上一般装有台虎钳和防护网，如图 11-2 所示。

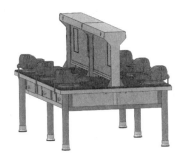

图 11-2　钳工工作台

2. 台虎钳

台虎钳是夹持工件的主要工具。台虎钳的主体由铸铁制成，分固定和活动两个部分，台虎钳的张开或合拢，是靠活动部分的螺杆与固定部分的固定螺母发生螺旋产生相对位移而进行的。台虎钳有固定式和回转式两种，如图 11-3 所示。

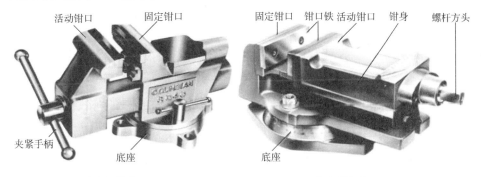

（a）回转式　　　　　　　　　　　　（b）固定式

图 11-3　台虎钳的两种形式

台虎钳大小用钳口的宽度表示，常用的为 100~150mm。台虎钳座用螺栓紧固在钳台上。对于回转式台虎钳，台虎钳底座的连接靠两个锁紧螺钉的紧合，根据需要松开锁紧螺钉，便可进行手动的圆周旋转，如图 11-4 所示。

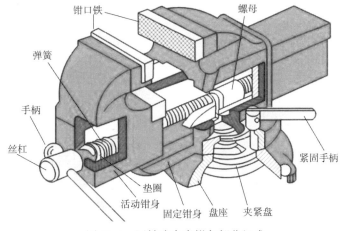

图 11-4　回转式台虎钳各部分组成

使用台虎钳时，应注意以下几点：

1）工件应夹持在台虎钳钳口的中部，以使钳口受力均匀。

2）只能尽双手的力扳紧手柄，不能在手柄上加套管子或用锤子敲击，以免损坏台虎钳内螺杆或螺母上的螺纹。

3）当夹持面为工件的光洁表面时，应垫铜皮加以保护。

4）锤击工件可以在砧面上进行，但锤击力不能太大，否则会使台虎钳受到损害。

5）台虎钳内的螺杆、螺母及滑动面应定期加油润滑。

3. 钻床

钻床用来对工件进行钻孔、扩（铰）孔、锪孔。主要类别有：手电钻、台式钻床、立式钻床、摇臂钻床，如图11-5所示。

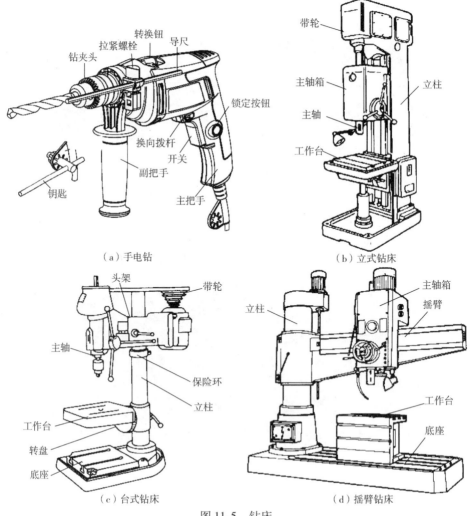

（a）手电钻　　　　　　　　　（b）立式钻床

（c）台式钻床　　　　　　　　（d）摇臂钻床

图 11-5　钻床

4. 砂轮机

砂轮机用来刃磨工具、刀具，如图 11-6 所示。

图 11-6　砂轮机

11.2.2　常用工具

1）划线工具：钢直尺、划线平板、划针、划线盘、高度游标卡尺、划规、样冲、V 形铁、角尺和角度规及千斤顶或支撑工具等。

2）锯削工具：钢锯弓、钢锯条。

3）錾削工具：錾子、锤子。

4）锉削工具：钢锉刀、金刚石锉（整形锉）。

5）刮削工具：标准平板、检验平尺、角度平尺、平面刮刀、曲面刮刀。

6）钻孔、扩孔、锪孔、铰孔工具：麻花钻、锪孔刀、铰刀。

7）攻螺纹和套螺纹工具：丝锥、板牙、丝锥扳手、板牙架。

11.2.3　常用量具

游标卡尺、千分尺、角度尺、内径百分表（百分表和千分表）、高度游标卡尺（杠杆百分表）等，如图 11-7 所示。

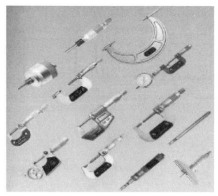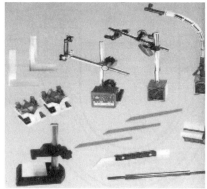

图 11-7　常用钳工量具

（1）游标卡尺

游标卡尺是最常用的一种中等精度量具。它的主体是一个刻有刻度的尺身。沿着尺身滑动的尺框上装有游标。游标卡尺可以直接用于测量各种工件的内径、外径、中心距、宽度、长度和深度等，如图11-8所示。

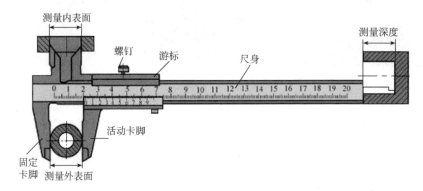

图11-8　游标卡尺

读数时，应使视线垂直于卡尺的刻度线，不要在光线不好的地方进行测量。测量内孔直径时，应使量爪的测量线通过孔心，取其最大值。测内槽时，应使测量线垂直槽壁，取其最小值。用带深度卡尺测孔深和高度时，深度尺需垂直不能倾斜，测力要适当，力过大过小均会增大测量误差。

（2）千分尺（测微螺旋量具）

千分尺的主要结构有尺架、固定测砧、测微螺杆、螺纹轴套、固定套管、活动套管（微分筒）、调节螺母、弹性套、千分尺、（测微螺旋量具）测力装置、锁紧手柄（锁紧装置）、隔热板（隔热装置）。

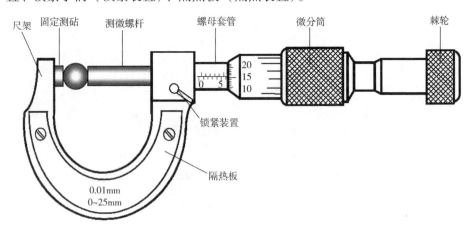

图11-9　千分尺

（3）万能角度尺

万能角度尺是用来测量工件内外角度以及对精密角度进行划线的量具，其测量方法如图 11-10 所示。

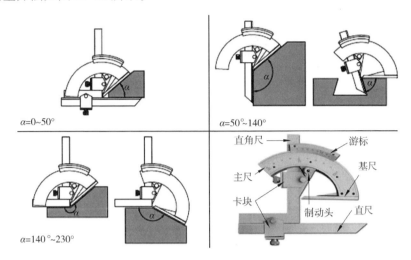

$\alpha=0\sim50°$

$\alpha=50°\sim140°$

$\alpha=140°\sim230°$

直角尺　游标　主尺　基尺　卡块　制动头　直尺

图 11-10　万能角度尺及其测量方法

（4）高度游标卡尺

高度游标卡尺主要用来测量工件的高度尺寸、相对位置和划线等，如图 11-11 所示。

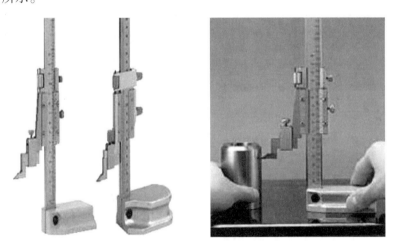

图 11-11　高度游标卡尺及其测量方法

（5）其他常见的表类量具

其他常见的表类量具有百分表、内径百分表、杠杆百分表、千分表，机械式百分表的调整及测量如图 11-12 所示。

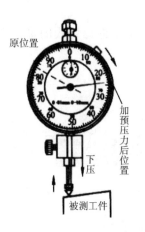

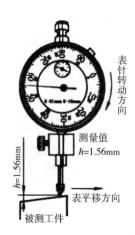

（a）施加适当的测量力　　　　（b）旋动表圈使指针对零　　　　（c）读数方法实例

图 11-12　机械式百分表的调整及测量

11.3　钳工基本操作

■ 11.3.1　划线

1. 划线的概念

划线是根据图样的尺寸要求，用划针工具在毛坯或半成品待加工的部位上划出轮廓线（或称加工界线）或作为基准的点、线的一种操作方法。划线的精度一般为 0.25 ~ 0.5mm，如图 11-13 所示。

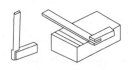

图 11-13　划线

2. 划线的作用

1）所划的轮廓线即为毛坯或半成品的加工界线和依据，所划的基准点或线是工件安装时的标记或校正线。

2）在单件或小批量生产中，用划线来检查毛坯或半成品的形状和尺寸，合理地分配各加工表面的余量，及早发现不合格品，避免造成后续加工工时的浪费。

3）在板料上划线下料，可做到正确排料，使材料发挥更合理的作用。

3. 划线的种类

1）平面划线：即在工件的一个平面上划线后即能明确表示加工界线，如在板料、条料上划线，如图 11-14 所示，平面划线方法分为：

①几何划线：用平面作图的方式划出所需线条。

②样板划线：用划针沿样板边线划出所需线条。

2）立体划线：是平面划线的复合，是在工件的几个相互成不同角度的表面（通常是相互垂直的表面）上都划线，即在长、宽、高三个方向上划线，如图 11-15 所示。

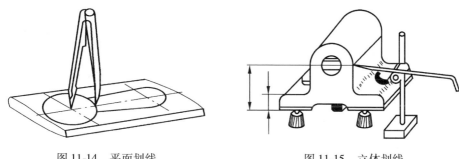

图 11-14　平面划线　　　　　图 11-15　立体划线

划线是一项复杂、细致的重要工作，如果将线划错，就会造成加工工件的报废。所以划线直接关系到产品的质量。对划线的要求是：尺寸准确、位置正确、线条清晰、冲眼均匀。

4. 划线常用工具

划线时常用的工具分为以下几种：

1）直接划线工具：划出线条的工具。

2）支撑工具：放置工件的工具。

3）划线量具：向被划工件传递数值的各种尺。

4）辅助工具：在划出的线上做标记的工具。

常用的划线工具如图 11-16 所示。

1）划线平板：是划线的基准工具，如图 11-16a 所示。

2）方箱：用于夹持较小的工件，方箱上各相邻的两面均互相垂直，在平板上翻转方箱，便可以在工件表面上划出互相垂直的线，如图 11-16b 所示。

3）V 形铁：用于在平板上支撑圆柱形工件，使工件轴线与平板平行，如图 11-16c 所示。

4）千斤顶：用来在平板上支撑较大及不规则的工件，如图 11-16d 所示。

5）划针：用来在工件表面上划线，如图 11-16e 所示。

6）划规：平面划线作图的主要工具，如图 11-16f 所示。

7）样冲：用于在工件所划的线上打出样冲眼，以备所划的线模糊后，仍能找到原线位置；在划圆及钻孔前，也应在其中心打中心样冲眼，如图 11-16g 所示。

8）高度游标尺：由高度尺和划线盘组合而成，是精密工具，用于半成品（光坯）划线，不允许用其划毛坯。要防止碰坏硬质合金划线头，如图 11-16h 所示。

9）量具：划线常用的量具有钢直尺、高度尺及直角尺。高度尺由钢直尺与高度尺架等组成，如图 11-16i 所示。

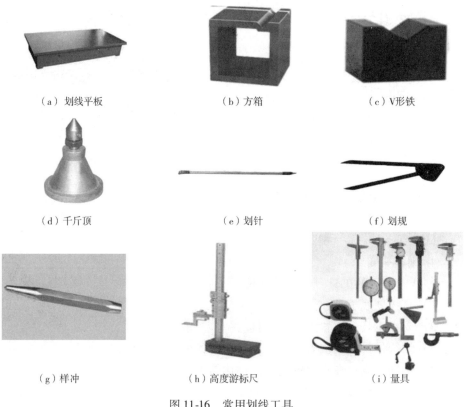

| （a）划线平板 | （b）方箱 | （c）V形铁 |

| （d）千斤顶 | （e）划针 | （f）划规 |

| （g）样冲 | （h）高度游标尺 | （i）量具 |

图 11-16　常用划线工具

5. 划线基准

用划线盘划水平线时，应选定某一基准作为依据，并以此来调节每次划针的高度，这个基准称为划线基准。一般选择重要孔的中心线为划线基准，或选零件图上尺寸标注基准线为划线基准。若工件上个别平面已加工过，则应以加工过的平面为划线基准。

1）以两个相互垂直的平面（或线）为基准，如图 11-17a 所示。

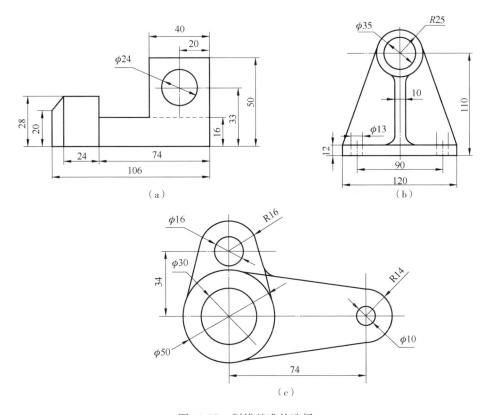

图 11-17　划线基准的选择

2）以一个平面与对称平面（和线）为基准，如图 11-17b 所示。

3）以两个互相垂直的中心平面（或线）为基准，如图 11-17c 所示。

6. 划线步骤

划线包括平面划线和立体划线。立体划线相对复杂，主要包括以下步骤：

1）研究图样，确定划线基准。检查毛坯是否合格。

2）清理毛坯上的疤痕和毛刺等。在划线部分涂上涂料，铸、锻件用大白浆，已加工面用紫色（龙胆紫加虫胶和酒精）或绿色（孔雀绿加虫胶和酒精）涂料。用铅块或木块堵孔，以确定孔的中心位置。

3）支撑及找正工件，划出划线基准，再划出其他水平线。

4）翻转工件、找正，划出互相垂直的线。

5）检查划出的线是否正确，最后打样冲眼。

另外，划线操作时应注意以下事项：

1）工件支撑要稳妥，以防滑倒或移动。

2）在一次支撑中，应把需要划出的平行线划全，以免再次支撑补划，造成误差。

3）应正确使用划针、划针盘、高度游标尺以及直角尺等划线工具，以免产生误差。

■ 11.3.2 锯削

1. 锯削的概念

锯削是用手锯对工件或材料进行分割的一种切削加工方法。锯削分为机械锯削和手工锯削两大类。

2. 锯削的特点

手工锯削主要是对小型工件或原材料进行切割加工，是钳工的一项基本操作技能。锯削具有方便、简单和灵活的特点，在单件小批生产、临时工地以及切割异形工件、开槽、修整等场合应用较广。

3. 锯削工具及其选用

锯削加工时所用的工具为手锯，它主要由锯弓和锯条组成，如图 11-18 所示。

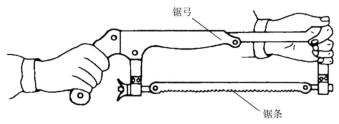

图 11-18　手锯

锯弓是用来夹持和拉紧锯条的工具，有固定式和可调式两种。由于可调式锯弓的前段可套在后段内自由伸缩，因此，可安装不同长度规格的锯条，应用广泛。锯条安放在固定夹头和活动夹头的圆销上，旋紧活动夹头上的翼形螺母，即可调整锯条的松紧。

锯条由碳素工具钢制成，经热处理后，其锯削部分硬度可以达到 62HRC 以上，锯条两端的夹持部分硬度可低些，使其韧性较好，装夹时不致卡裂。锯条也可用渗碳钢冷轧而成。

锯条规格以其两端安装空间距表示，一般长 300mm，宽 10～25mm，厚 0.6～1.25mm。常用的规格为长 300mm，宽 12mm，厚 0.8mm。

4. 锯削的安装与夹持

（1）锯条的安装

1）锯齿必须向前。手锯向前推时进行切割，在向后返回时不起切削作用，因此安装锯条时应锯齿向前，如图 11-19 所示。

2）松紧应适当。一般用手扳动锯条，感觉硬实不会发生弯曲即可，太紧会失去应有的弹性，锯条容易崩断；太松会使锯条扭曲，锯缝歪斜，锯条也容易崩断。

3）锯条平面应在锯弓平面内，或与锯弓平面平行。

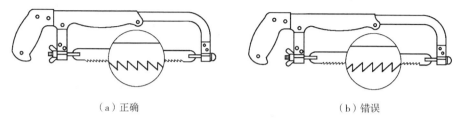

（a）正确　　　　　　　　　　　（b）错误

图 11-19　锯条的安装

（2）工件的夹持

1）工件的夹持要牢固，不可有抖动，以防锯削时工件移动而使锯条折断。同时也要防止夹坏已加工表面和工件变形。

2）工件一般应夹持在台虎钳的左面，以便操作，如图 11-20 所示。

3）工件伸出钳口不应过长，防止工件在锯削时产生振动（应保持锯缝距离钳口侧面 20mm 左右）。

4）锯缝线要与钳口侧面保持平行，便于控制锯缝不偏离划线线条。

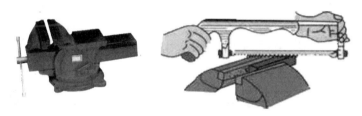

图 11-20　工件的夹持

5. 手工锯削操作方法

（1）手锯握法

右手满握锯柄，大拇指自然放在食指上方，不要压食指，左手在整个锯削的过程中始终轻扶在弓架前端，不可施力，在锯削推程和回程中，用右手控制其方向和作用力的大小，左手只是起辅助作用，如图 11-21 所示。

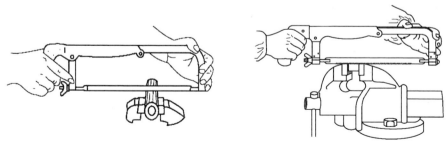

图 11-21　手锯的握法

（2）起锯方式

起锯的方式有远边起锯和近边起锯两种。一般情况下采用远边起锯，因为此时锯齿是逐步切入材料，不易被卡住，起锯比较方便。如采用近边起锯，掌握不好时，锯齿由于突然锯入较深，容易被工件棱边卡住，甚至可能崩断或崩齿，如图 11-22 所示。

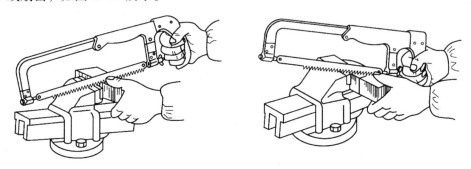

图 11-22　起锯方式

（3）起锯角度

无论采用哪一种起锯方法，起锯角 α 以 15° 为宜。如起锯角太大，则锯齿易被工件棱边卡住；若起锯角太小，则不易切入材料，锯条还可能打滑，把工件表面锯坏，如图 11-23 所示。

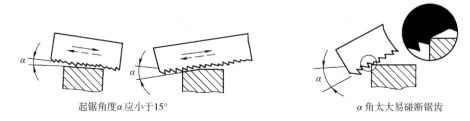

起锯角度 α 应小于15° 　　　　　　　　　　　α 角太大易碰断锯齿

图 11-23　起锯角度

（4）起锯姿势

起锯时压力要小，往返行程要短，速度要慢，这样可使起锯平稳。为了使起锯的位置准确和平稳，可用左手大拇指挡住锯条来定位，如图 11-24 所示。

（5）锯削的动作姿势

1）锯削站姿：锯削时左脚超前半步，身体略向前倾，与台虎钳中心约成 75°。两腿自然站立，人体重心稍偏于右脚。锯削时视线要落在工件的切削部位。推锯时身体上部稍向前倾约 10°，给手锯施加适当的压力而完成锯削，如图 11-25 所示。

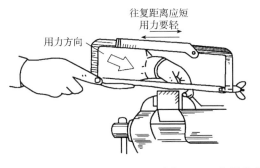

图 11-24　起锯姿势

2）推锯：推锯时锯弓运动方式有两种：一种是直线运动，适用于锯缝底面要求平直的槽和薄壁工件的锯削；另一种是锯弓做上、下摆动，这样操作自然，两手不易疲劳。开始进锯时，用力要均匀，左手扶锯，右手掌推动锯子向前运动，上身前倾跟随一起动，右腿伸直向前倾，重心放在左脚，且左膝弯曲，锯子行至 3/4 行程时，身体停止向前运动，两臂继续把锯子送到尽头，如图 11-26 所示。

图 11-25　锯削站姿　　　　　　　　　　图 11-26　推锯

3）回锯：左手把锯弓略微抬起，右手向后拉动锯子，身体逐渐回到原位，如图 11-27 所示。

4）收锯：快锯断时，左手托住材料，只用右手轻力锯削，不使材料脱落，如图 11-28 所示。

5）连续锯削运动姿势：连续锯削运动姿势如图 11-29 所示。

①锯削运动是小幅度的上下摆动式运动，手锯推进时，身体略向前倾，双手随着压向手锯的同时，左手上翘，右手下压，回程时右手上抬，左手自然跟回。

②锯削运动的速度一般为 40 次/min 左右，锯削硬材料慢些，锯削软材料

快些。同时，锯削行程应保持均匀，返回行程的速度相对快些。

图 11-27　回锯

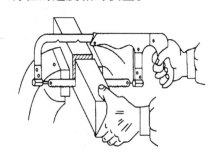
图 11-28　收锯

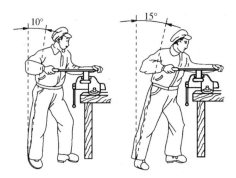
图 11-29　连续锯削运动姿势

6. 锯削操作安全注意事项

1）锯削前要检查锯条的装夹方向和松紧程度。

2）锯削时不要突然用力过猛，速度不宜过快，以免锯条折断崩出伤人。

3）工件将锯断时压力要小，避免压力过大使工件突然断开，手向前冲造成事故。一般工件将锯断时要用左手扶住工件断开部分，以免落下伤脚。

4）工件夹持要牢固，以免工件松动、锯缝歪斜、锯条折断。

5）要适时注意锯缝的平直情况，及时纠正。

6）在锯削钢件时，可加些机油，以减少锯条与工件的摩擦，延长锯条的使用寿命。

■ 11.3.3　锉削

1. 锉削的概念

锉削是用锉刀对工件表面进行切削加工，使工件达到零件图样所要求的形状、尺寸和表面粗糙度的一种加工方法。

2. 锉削的特点及应用

锉削加工简便，工作范围广，多用于錾削、锯削之后。锉削可对工件上

的平面、曲面、内外圆弧、沟槽以及其他复杂表面进行加工，可以达到
0.01mm 的尺寸精度，表面粗糙度可达 $Ra1.6\sim0.8\mu m$。锉削也可用于成形样
板、模具型腔以及部件、机器装配时的工件修整。

3. 锉削工具

锉削加工所用的工具为锉刀，它由锉身和锉柄两部分组成。

（1）锉刀的材料

锉削多为手动操作，切削速度低，要求硬度高，且刀齿锋利，因此，锉
刀由高级碳素工具钢 T12A、T13A 等制造，并经热处理，硬度可达 62 ~
67HRC，耐磨性好，但韧性差，热硬性低，性脆易折，锉削速度过快时易
钝化。

（2）锉刀的构造

锉刀由锉刀面、锉刀边、锉刀舌、锉齿和木柄等部分组成，即由工作部
分和锉柄组成。锉刀的大小以工作部分的长度来表示，如图 11-30 所示。

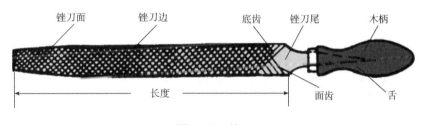

图 11-30 锉刀

（3）锉刀的种类

1）锉刀按用途不同分为：普通锉（或称板锉）、特种锉和整形锉三类。
其中普通锉使用最多。

普通锉按截面形状不同分为：平锉、方锉、三角锉、半圆锉和圆锉五种，
如图 11-31 所示。加工不同的工件表面需要选择相应的锉刀截面，如图 11-32
所示。

图 11-31 普通锉的截面形状

2）锉刀按每 10mm 长的锉面上锉齿的齿数来划分，有粗锉刀（4 ~ 12
齿），齿间大，不易堵塞，适于粗加工或锉铜、铝等软金属；细锉刀（13 ~ 24
齿），适于锉钢和铸铁等；光锉刀（30 ~ 40 齿），又称油光锉，只用于最后修

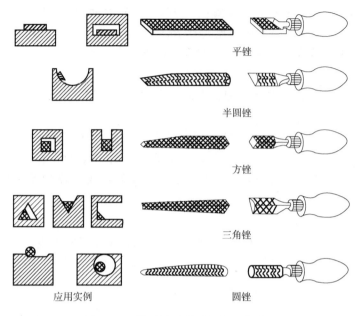

平锉

半圆锉

方锉

三角锉

应用实例　　　　　　　　　　　　　　　圆锉

图 11-32　普通锉及其适用加工的表面

光表面。锉刀越细，锉出工件的表面越光洁，但生产率也越低。

4. 锉削的操作安全注意事项

（1）锉削操作安全知识

1）不使用无柄锉刀，以免刺伤手腕。若锉刀柄松动，应装紧后再用。

2）不准用嘴吹锉屑，也不要用手清除锉屑。当锉刀堵塞后，应用钢丝刷顺着锉纹方向刷去锉屑。

3）对铸件上的硬皮或粘砂、锻件上的飞边或毛刺等，应先用砂轮磨去，然后再锉削，以免损伤锉刀。

4）锉削时不准用手摸锉过的表面，因手可能有油污，继续锉削时会打滑。

5）锉刀不能用作橇棒或敲击工件，避免折断伤人。

6）放置锉刀时，不要使其露出工作台面，以防锉刀跌落伤脚。

（2）锉削时工件的夹持

1）工件最好夹在台虎钳中间，夹持要牢固可靠，不能使工件变形。

2）工件伸出钳口不要太高，以免锉削时产生振动。

3）表面形状不规则的工件，夹持时要加衬垫。

4）夹持已加工表面和精密件时要衬软钳口，以免夹伤工件。

（3）锉刀刀柄的拆、装

锉刀刀柄的拆、装方法如图 11-33 所示。

1）拆手柄时右手握住锉刀，然后左手用榔头敲击锉刀柄，使锉刀舌从柄孔内脱离。

2）安装锉刀与手柄时，左手握住锉刀，先把锉刀轻放入柄孔内，然后右手用榔头敲击锉刀柄，使锉刀舌部装入柄孔内。

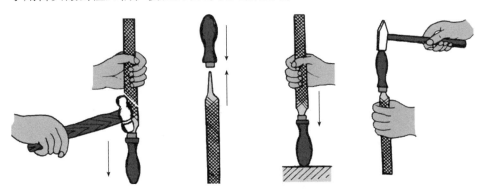

图 11-33　锉刀刀柄的拆、装方法

5. 锉削的具体操作方法

（1）握锉方法

正确握持锉刀有助于提高锉削质量。应根据锉刀的大小和形状，采用不同的握持方法。

1）较大锉刀的握法：用右手握锉刀柄，柄端顶在拇指根部的手掌上，大拇指放在锉刀柄的侧上方，其余的手指由下而上握着锉刀柄。如用左手握锉，最通用的方法是：左手手掌横放在锉刀的前部上方，拇指根部的手掌轻压在锉刀头上，其余手指自然弯向掌心，如图 11-34 所示。

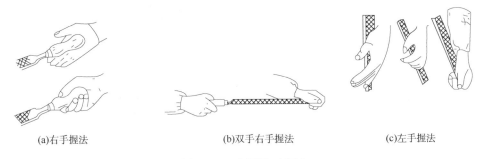

(a)右手握法　　　　(b)双手右手握法　　　　(c)左手握法

图 11-34　大平锉刀握法

2）中、小型锉刀的握法：由于锉刀尺寸小，本身强度不高，锉削时所施加的力不大，其握法与大锉刀柄的握法大同小异，右手拇指在上，其余四指则从下面托着并用力紧握着锉刀柄。左手持锉位置则根据锉削用力轻重而异，重锉时，左手大拇指的根部恰好放在锉尖上，其余四指弯放在下面；轻锉时，右手握锉刀柄，左手除大拇指外将其余四指压在锉刀面上，较为灵活，如图11-35所示。用小锉刀进行极轻微的锉削时，可不用左手持锉刀，只用右手食指压在锉刀上面。

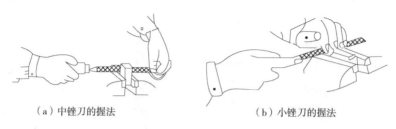

（a）中锉刀的握法 （b）小锉刀的握法

图11-35 中、小锉刀握法

（2）锉削的姿势

1）锉削的站姿：站在台虎钳轴线左侧，与台虎钳的距离按手臂略伸平，手指尖能搭上钳口来判断。然后迈出左脚，左脚跟距离右脚尖约为锉刀长，左脚与台虎钳中线约成30°角，右脚掌心在锉削轴线上，右脚掌长度方向与轴线成75°；两脚跟之间距离因人而异，通常为操作者的肩宽；身体平面与轴线成45°；身体重心大部分落在左脚，左膝呈弯曲状态，并随锉刀往复运动做相应屈伸，右膝伸直。如图11-36所示。

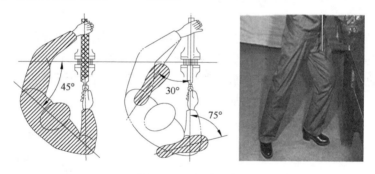

图11-36 锉削站姿

2）运锉姿势：开始时，身体前倾10°左右，右肘尽量向后收缩，如图11-37a所示。锉刀长度推进前1/3行程时，身体前倾15°左右，左膝弯曲度稍增，如图11-37b所示。锉刀长度推进中间1/3行程时，身体前倾18°左右，左膝弯曲度稍增，如图11-37c所示。锉刀推进最后1/3行程时，右肘继续推进锉刀，同时利用推进锉刀的反作用力，身体退回到15°左右，如图11-37d所示。锉刀回程时，将锉刀略微提起退回，同时手和身体恢复到原来姿势。

（3）锉削速度

锉削速度最好控制在每分钟30～40次，太快，容易疲劳，而且会加快锉齿的磨损。

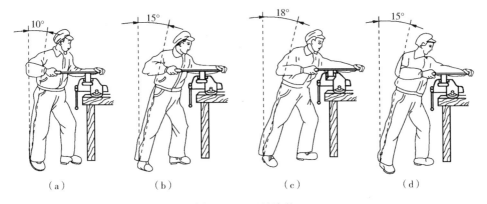

（a）　　　　　（b）　　　　　（c）　　　　　（d）

图 11-37　运锉姿势

6. 工件的夹持

工件夹持不当易导致产生废品。因此，夹持工件时应注意以下几点：

1）工件应夹持在台虎钳中间，不要露出钳口太高，以免锉削时产生振动。

2）工件要夹紧，但不能夹变形。半成品工件应使用软钳口加以保护。

3）不规则工件应根据其特点使用衬垫。对圆形工件应衬以 V 形铁。对于薄板工件，可将其平钉在木块上再加工。锉长薄板的边缘时，可用两块三角铁或夹板将其夹紧后，再将夹板夹在台虎钳上锉削。

7. 平面的锉削方法

（1）顺锉法

顺锉法是顺着同一方向对工件锉削的方法。它是锉削的基本方法，其特点是锉纹顺直，整齐美观，可使表面粗糙度变细，如图 11-38 所示。

（2）交叉锉法

交叉锉法是从两个方向交叉对工件进行锉削。其特点是锉面上能显示出高低不平的痕迹，以便把高处锉去。用此法较容易锉出准确的平面，如图 11-39所示。

（3）推锉法

推锉法是两手横握锉刀身，平稳地沿工件表面来回推动进行锉削，其特点是切削量少，降低了表面粗糙度值，一般用于锉削狭长表面，如图 11-40 所示。

不论哪种锉法，都应该在整个加工面均匀地锉削，每次抽回锉刀再锉时，应向旁边移动一些。

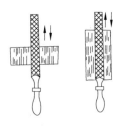

图 11-38 顺锉法

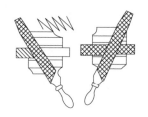

图 11-39 交叉锉法

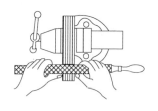

图 11-40 推锉法

8. 平面锉削的检验方法

（1）直线度的检验

锉削好的平面，常用刀口尺或钢直尺以透光法来检验其平直度。将钢直尺与待测面贴合，若钢直尺与工件表面间透过的光线微弱均匀，说明该平面平直；若透过的光线强弱不一，说明该平面高低不平，光线最强的部位是最凹的地方。检查平面应按纵向、横向、对角线多方向进行。

（2）垂直度的检验

用角尺进行检验时，将角尺的短边轻轻贴紧在工件的基准面上，长边靠在待检验的表面上。用透光法检验，与检查直线度的要求相同。

9. 曲面的锉削方法

曲面锉削有外曲面锉削和内曲面锉削两种。外曲面用平锉，内曲面用半圆锉或圆锉。

对于外曲面锉削，锉刀要完成两种运动：前进运动和锉刀围绕工件的转动。两手运动的轨迹是两条渐开线。锉削外曲面有两种锉削方法。

（1）横着圆弧锉

将锉刀横对着圆弧面，依次序把棱角锉掉，使圆弧处基本接近圆弧的多边形，最后用顺锉法把其锉成圆弧。此方法效率高，适用于粗加工阶段。

（2）顺着圆弧锉

锉削时，锉刀在向前推的同时，右手把锉刀柄往下压，左手把锉刀尖往上提，这样能保证锉出的圆弧面无棱角，曲面光滑，它适用于圆弧面的精加工阶段。

对于内曲面的锉削，锉刀同时要完成三个运动：前进运动；向左或向右移动（约 1~10 个锉刀宽度）；围绕锉刀中心线转动（顺时针或反时针方向转动约 90°）。若只有前进运动，圆孔不圆；若只有前进运动和向左或右移动，曲面形状也不正确。只有同时完成以上三种运动，才能把内曲面锉好，因为只有这样，才能使锉刀工作面沿着工件的圆弧做圆弧形滑动锉削。

■ 11.3.4 钳工钻削

1. 钻削的概念

钻削加工是指在钻床上利用钻头进行切削加工的一种方式。钳工钻削的方法包含钻孔、扩孔、铰孔及锪孔。用钻头在实体材料上加工孔叫钻孔。实际工作中，钻孔操作是钻削加工中应用最多的一种方式，钻削加工如图 11-41 所示。

图 11-41　钻削加工

2. 钻削的应用及特点

1）零件的孔加工，除去一部分由车、镗、铣等机床完成外，很大一部分（特别是在修配工作中）是由钳工利用钻床和钻孔工具（钻头、扩孔钻、铰刀等）完成的。

2）钻孔时，由于钻头结构上存在缺点，影响加工质量，加工精度一般较低，属于粗加工。

3. 钻削设备

钻削加工主要的设备是钻床。常用的钻床有台式钻床、立式钻床和摇臂钻床三种，手电钻也是钳工常用的钻孔工具。

1）台式钻床：其钻孔直径一般在 φ13mm 以下，主要用于加工小型工件上的各种小孔，不适宜用于锪孔和铰孔加工。

2）立式钻床：刚性好、功率大，因而允许钻削较大的孔，生产率较高，加工精度也较高。立钻适用于单件、小批量生产中加工中、小型零件。

3）摇臂钻床：操作灵活省力，钻孔时摇臂可沿立柱上下升降和绕立柱在 360°范围内回转，加工范围广泛，适用于一些笨重的大工件以及多孔工件的加工，最大钻孔直径可达 φ80～φ100mm，可用于钻孔、扩孔、锪孔、铰孔和攻螺纹等加工。

4）手电钻：质量小，体积小，携带方便，操作简单，使用灵活。一般用于工件搬动不方便，或由于孔的位置所限不能放于其他钻床上加工的场合。

4. 钻头

标准麻花钻头是钻孔常用的切削工具，一般用高速钢制造，工作部分经热处理淬硬至 62~65HRC。钻头一般由柄部、颈部及工作部分组成。柄部是钻头的夹持部分，起传递动力的作用，有直柄和锥柄两种。工作部分包括导向部分和切削部分，主要起切削作用，如图 11-42 所示。

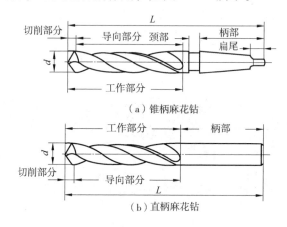

图 11-42　麻花钻头
(a) 锥柄麻花钻；(b) 麻花钻头

5. 钻孔操作的要领

1) 钻孔前一般要先划线，确定孔的中心，并在孔中心用冲头打出中心眼。

2) 钻孔时应先钻一个浅坑，以判断钻孔位置是否对中。

3) 在钻孔过程中，特别是钻深孔时，要经常退出钻头，以排出切屑和进行冷却，否则可能使切屑堵塞或钻头过热磨损甚至折断，并影响加工质量。

4) 钻通孔时，当孔将被钻透时，进给量要减小，避免钻头在钻穿时的瞬间抖动，出现"啃刀"现象，影响加工质量，损伤钻头，甚至发生事故。

5) 钻孔时，大于 $\phi30mm$ 的孔应分两次钻，第一次先钻直径较小的孔（为加工孔径的 0.5~0.7），第二次再用钻头将孔扩大到所要求的直径。

6. 钻孔操作安全注意事项

1) 操作钻床时严禁戴手套，袖口必须扎紧。穿工作服，戴工作帽。

2) 工件必须夹紧，特别在小工件上钻较大直径孔，将要钻穿时要尽量减小进给力。

3) 开动钻床前，应检查是否留有钻夹头钥匙或其他在钻轴上。

4) 钻孔时应用毛刷清除钻屑，严禁用手、棉纱或用嘴吹的方式来清除钻屑。

5) 操作者的头部不准与旋转着的主轴靠得太近，停车时应让主轴自然停止，不可用手刹住，也不能用反转制动。

6) 严禁在开车状态下装拆工件。检验工件和变换主轴转速，必须在停车状况下进行。清洁钻床或加注润滑油前，必须切断电源。

7. 钻孔操作步骤

（1）工件划线

钻孔时的工件划线按钻孔位置尺寸要求，划出孔的中心线，并打上中心样冲眼，再按孔的大小划出孔的圆周线。

（2）工件装夹

1）平整的工件：钻直径大于 $\phi8mm$ 的孔时，用平口钳装夹，如图 11-43a 所示。

2）圆柱形的工件：用 V 形铁装夹，如图 11-43b 所示。

3）压板装夹：对钻孔直径较大或不便用平口钳装夹的工件，可用压板夹持，如图 11-43c 所示。

4）单动卡盘装夹：方形工件钻孔，用单动卡盘装夹，如图 11-43d 所示。

5）自定心卡盘装夹：圆形工件端面钻孔，用自定心卡盘装夹，如图 11-43e 所示。

6）角铁装夹：底面不平或加工基准在侧面的工件用角铁装夹，如图 11-43f 所示。

7）手虎钳装夹：在小型工件或薄板件上钻小孔时，用手虎钳装夹，如图 11-43g 所示。

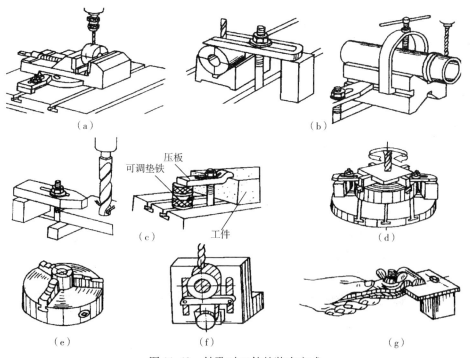

图 11-43　钻孔时工件的装夹方式

（3）拆装钻头

安装合适的钻头。

（4）对刀和试切

钻头轻轻下压，对准工件的钻孔中心；顺时针用手旋转主轴，同时轻轻下压钻头，观察划出的锥坑是否与样冲眼重合，并及时调整找到准确的位置。

（5）试钻

起动钻床，进行试钻，观察位置。

（6）钻孔

控制好进给速度，及时加注冷却水，随时断屑。

（7）检测

钻孔完成后，用相应检测工具检测质量是否达到要求。

■ 11.3.5 攻螺纹

1. 攻螺纹的概念

用丝锥在孔中加工出内螺纹的加工方法，称为攻螺纹，俗称攻丝。攻螺纹是钳工金属切削中的重要内容之一，包括划线、钻孔、攻螺纹等环节。攻螺纹只能加工三角形螺纹，三角形螺纹属于连接螺纹，用于两件或多件结构件的连接。

2. 攻螺纹的工具

（1）丝锥

丝锥是用来加工较小直径内螺纹的成形刀具，一般选用合金工具钢，并经热处理制成。它由工作部分和柄部构成，柄部装入铰杠传递扭矩，便于攻螺纹。工作部分由切削、校准两部分组成。通常 M6～M24 的丝锥一套有两支，称为头锥、二锥；M6 以下及 M24 以上的丝锥一套有三支，即头锥、二锥和三锥，如图 11-44 所示。

（2）铰杠

铰杠是夹持丝锥的工具，常用的是可调式铰杠。铰杠长度应根据丝锥尺寸大小进行选择，以便控制攻螺纹时的扭矩，防止丝锥因施力不当而扭断。铰杠如图 11-45 所示。

图 11-44　丝锥

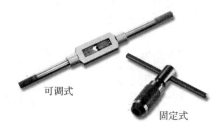

图 11-45　铰杠

3. 攻螺纹前底孔直径的确定

用丝锥攻螺纹的过程中，切削刃主要施力是切削金属，但同时会产生挤压金属的作用，因而会造成金属凸起并向牙尖流动的现象。所以攻螺纹前，钻削的孔径（即底孔）应大于螺纹内径。

底孔的直径可查手册或按下面的经验公式计算：

（1）塑性材料（钢、纯铜等）

$$d_{钻} = D - P$$

式中　$d_{钻}$——底孔钻头直径，mm；

　　　D——螺纹大径，mm；

　　　P——螺距，mm。

例：我们要在钢件上攻 M10 螺纹，底孔直径是多少？

根据公式计算：

$$D_{孔} = D - P = (10 - 1.5)mm = 8.5mm$$

（2）脆性材料（铸铁、青铜等）

$$d_{钻} = D - (1.05 \sim 1.1)P$$

例：我们要在铸铁上攻 M10 螺纹，底孔直径是多少？

根据公式计算：

$$D_{孔} = D - (1.05 \sim 1.1) \times 1.5mm = 8.35 \sim 8.42mm$$

4. 钻孔深度的确定

攻盲孔（不通孔）的螺纹时，因丝锥不能攻到底，所以孔的深度要大于螺纹的长度，不通孔的深度可按下面的公式计算：

$$孔的深度 = 要求的螺纹长度 + （螺纹外径）$$

5. 攻螺纹的操作步骤

攻螺纹的操作步骤如下：钻底孔、倒角、头锥攻螺纹、二锥攻螺纹、三锥攻螺纹，如图 11-46 所示。

6. 攻螺纹的操作要点

1）攻螺纹前，螺纹底孔口要倒角，通孔螺纹两端孔口都要倒角，这样可使丝锥容易切入，并防止攻螺纹后孔口的螺纹崩裂。孔口的倒角可用锪孔钻或麻花钻进行。

2）攻螺纹前，工件的装夹位置要正确，应尽量使螺孔中心线置于水平或垂直位置，其目的是攻螺纹时便于判断丝锥是否垂直于工件平面。

3）起攻螺纹时，应使用头锥，把丝锥放正，用右手掌按住铰杠中部沿丝锥中心线用力加压，此时左手配合做顺向旋进；或两手握住铰杠两端平衡施加压力，并将丝锥顺向旋进，保持丝锥中心与孔中心线重合，不能歪斜。

4）当切削部分切入工件 1 ~ 2 圈后，应目测或用角尺检查和校正丝锥的

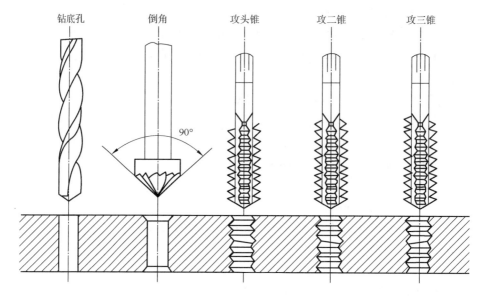

图 11-46 攻螺纹的操作步骤

位置。当切削部分全部切入工件时，应停止对丝锥施加压力，只须平稳地转动铰杠，靠丝锥上的螺纹自然旋进。

5）为了避免切屑过长咬住丝锥，攻螺纹时铰杠每转 1/2～1 圈，应倒转 1/4～1/2 圈，使切屑碎断后容易排出。攻不通孔螺纹时，要经常退出丝锥，排除孔中的切屑。当将要攻到孔底时，更应及时排出孔底积屑，以免丝锥被轧住。

6）攻通孔螺纹时，丝锥校准部分不应全部攻出头，否则会扩大或损坏孔口最后几牙螺纹。

7）丝锥退出时，应先用铰杠带动螺纹平稳地反向转动，当能用手直接旋动丝锥时，应停止使用铰杠，以防铰杠带动丝锥退出时产生摇摆和振动，破坏螺纹表面粗糙度。

8）在攻螺纹过程中，换用另一支丝锥时，应先用手握住并将其旋入已攻出的螺孔中，直到用手旋不动时，再用铰杠攻螺纹。

9）攻螺纹时必须按头锥、二锥、三锥的顺序，以减小切削负荷。在攻材料硬度较高的螺孔时，应用头锥、二锥交替攻削，这样可减轻头锥切削部分的负荷，避免折断丝锥。

10）攻钢料工件时，加机油润滑可使螺纹光洁，并能延长丝锥使用寿命；对铸铁件，可加煤油润滑；攻塑性材料的螺孔时，要加切削液，一般用机油或浓度较大的乳化液。对于要求高的螺孔，也可用菜油或二硫化钼等作为润滑剂。

11.4　鸭嘴锤制作

▌11.4.1　制作工艺流程

钳工鸭嘴锤制作工艺实训过程见表 11-1。

表 11-1　钳工鸭嘴锤制作工艺实训过程

序号	加工内容	时间	工、量、刀具	备注
一	准备工作、讲课	45min		
1	识图			图 11-47
2	讲解图样			
3	讲解平板、量具、工具的使用			
4	讲解加工工艺及步骤			
二	加工锤头上半部	60min		
1	下料 L=90mm		角尺、划针、平锉、钢锯	
2	锉基准面		平锉、直角尺	
3	划线		划线平板、高度游标尺	见图 11-48
4	锯削斜面、锉削斜面		钢锯、平锉	见图 11-49、图 11-50
三	加工锤头下半部	60min		
1	划线		划线平板、高度游标尺	
2	锉削 C2.5（4 处）		圆锉、平锉	见图 11-51
3	倒角 C1		平锉	见图 11-52
4	锉削 R2mm 圆弧面		平锉	见图 11-53
四	钻孔、攻螺纹、整形	75min		
1	钻孔 φ6.7mm		台钻、钻头 φ6.7mm	
2	攻 M8 螺纹		铰手、M8 丝攻	
3	抛光		细平锉、砂布	
五	验收			
1	自检、交产品		角尺、游标卡尺	
2	清理工作台及工具		毛刷	
3	打扫卫生		扫把	

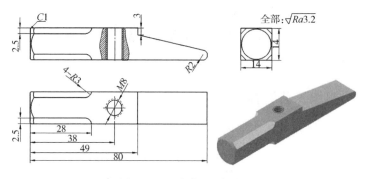

图 11-47 鸭嘴锤三视图

■ 11.4.2 鸭嘴锤制作演示

图 11-48 ~ 图 11-53 分别依次展示了鸭嘴锤的制作过程，图 11-54 为作品完成图。

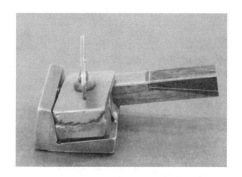

图 11-48 划出斜面加工线

图 11-49 锯削斜面的装夹方法

图 11-50 锉削斜面装夹方法

图 11-51 锉削 C2.5 窄面的装夹方法

图 11-52　锉削 *C*1 倒角的装夹方法　　　　图 11-53　锉削 *R*2mm 圆弧面的装夹方法

图 11-54　作品完成图

 **思考题**

1. 钳工的基本操作有哪些?

2. 台虎钳在使用中的注意事项有哪些?

3. 如何正确安装锯条?

4. 描述攻螺纹的正确方法。

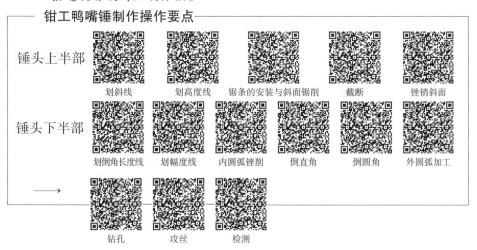

钳工鸭嘴锤制作操作要点

锤头上半部　　划斜线　　划高度线　　锯条的安装与斜面锯削　　截断　　锉销斜面

锤头下半部　　划倒角长度线　　划幅度线　　内圆弧锉削　　倒直角　　倒圆角　　外圆弧加工

钻孔　　攻丝　　检测

第 *12* 章

车辆工程认知

■ 教学重点与难点

- 汽车的组成部分
- 发动机的两大机构与五大系统
- 轮胎更换
- 行车前的注意事项

12.1　概　　述

作为一种现代交通工具，汽车与人们的生活密不可分。随着汽车在日常生活中的普及化，人们对了解汽车各项相关专业知识的渴望也日益迫切。汽车整车技术涉及的专业很多，如机械设计、电工与电子、材料科学、传感与控制等多个学科，涵盖了多种高新技术。因此学习汽车相关的一些基本知识很有必要。汽车主要由发动机、底盘、车身、电气设备四个部分组成，如图12-1 所示。

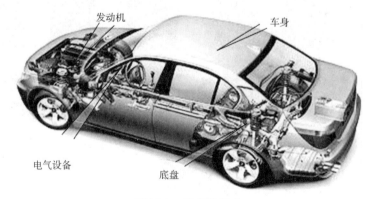

发动机　　　　　　　　　　　车身

电气设备　　　　　底盘

图 12-1　汽车的组成

12.2 发 动 机

12.2.1 汽车发动机基本构成

发动机又称引擎，它是汽车的"心脏"，为汽车的行走提供动力，也对汽车的动力性、经济性、环保性产生影响。简单来说，发动机是一个能量转换机构，通常是把化学能转化为机械能，然后通过底盘的传动系统驱动车轮，使汽车行驶。

1. 发动机类型

发动机是汽车的动力源，是将某一种形式的能量转变成机械能的部件。汽车所用的发动机可以根据不同的特征来进行分类。

（1）按活塞运动方式的不同分类

根据活塞运动方式的不同，活塞式内燃机可分为往复活塞式和旋转活塞式两种。前者活塞在气缸内做往复直线运动，后者活塞在气缸内做旋转运动。

（2）按所用燃料的不同分类

根据所用燃料种类的不同，主要分为汽油机、柴油机和气体燃料发动机三类，使用汽油为燃料的内燃机称为汽油机，使用柴油为燃料的内燃机称为柴油机，使用天然气、液化石油气或其他气体燃料的活塞式内燃机称为气体燃料发动机。

汽油机与柴油机各有特点：汽油机具有转速高、质量小、噪声小、启动容易、制造成本低等特点；而柴油机具有压缩比大、热效应高、燃油经济性能和排放性能都比汽油机好等特点。

（3）按冷却方式的不同分类

内燃机按照冷却方式不同可以分为水冷式和风冷式。水冷式发动机是利用在气缸体和气缸盖冷却水套中进行循环的冷却液作为冷却介质进行冷却的；而风冷式发动机是利用流动于气缸体与气缸盖外表面散热片之间的空气作为冷却介质进行冷却的。水冷式发动机冷却均匀、工作可靠、冷却效果好，被广泛地应用于现代车用发动机。

（4）按点火方式的不同分类

根据点火方式的不同，发动机可分为点燃式和压燃式两种。点燃式发动机利用电火花使可燃混合气着火，如汽油发动机；压燃式发动机则是通过油泵和喷油嘴，将燃油直接喷入气缸，使其与在气缸内经压缩后升温的空气混合，使之在高温下自燃，如柴油发动机。

（5）按气缸数的不同分类

根据气缸数目的不同，发动机可以分为单缸发动机和多缸发动机。仅有一个气缸的发动机称为单缸发动机，有两个或两个以上气缸的发动机称为多缸发动机，如双缸、三缸、四缸、五缸、六缸、八缸、十二缸等都是多缸发动机。现代车用发动机多采用四缸、六缸、八缸、十二缸发动机。

（6）按活塞行程数的不同分类

活塞式内燃机每完成一个工作循环，便对外做功一次，不断地完成工作循环，才使热能连续地转变为机械能。在一个工作循环中活塞往复四个行程的内燃机称为四冲程往复活塞式内燃机，而活塞往复两个行程便完成一个工作循环的内燃机则称为两冲程往复活塞式内燃机。目前两冲程内燃机一般不会用在汽车上。

（7）按气缸排列方式的不同分类

按照气缸排列方式不同，发动机可以分为单列式和双列式。单列式发动机是把各个气缸排成一列，一般是垂直布置的。但为了降低高度，有时也把气缸布置成倾斜的甚至水平的。双列式发动机是把气缸排成两列，两列之间的夹角小于180°（一般为90°）的双列式发动机称为 V 型发动机，若两列之间的夹角等于180°，则称为对置式发动机。

（8）按进气系统是否采用增压方式分类

活塞式内燃机还可分为增压和非增压两种。若进气是利用活塞从上止点向下止点运动产生负压而将气体吸入气缸内的发动机则为自然吸气（非增压）式发动机；若是利用增压器将进气压力升高，使进气密度增大则为增压发动机，增压可以提高内燃机功率。

涡轮增压器的原理较为简单，通过发动机排出的废气冲击涡轮运转，以带动同轴的叶轮高速转动，叶轮将空气滤清器管道送来的新鲜空气压缩后传递到气缸中。涡轮增压发动机是依靠涡轮增压器来加大发动机进气量的一种发动机，涡轮增压器实际上就是一个空气压缩机。当发动机转速加快，废气排出速度与涡轮转速也同步加快，空气压缩程度就得以加大，发动机的进气量就相应地得到增加，就可以增加发动机的输出功率了。涡轮增压发动机的最大优点是可在不增加发动机排量的基础上，大幅度提高发动机的功率和转矩。一台发动机装上涡轮增压器后，其输出的最大功率与未装增压器相比，可增加大约40%甚至更多。

2. 发动机的结构

一般而言，汽油机由两大机构和五大系统组成，即由曲柄连杆机构、配气机构、燃料供给系统、润滑系统、冷却系统、点火系统和启动系统组成；柴油机与汽油机不同的是没有点火系统。

（1）两大机构

1）曲柄连杆机构：曲柄连杆机构是发动机实现工作循环，完成能量转换的主要运动机构，如图 12-2 所示。

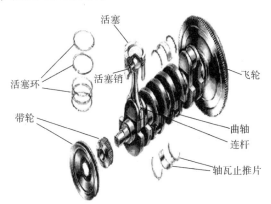

图 12-2　曲柄连杆机构

曲柄连杆机构的工作原理：发动机的工作由进气、压缩、做功、排气四个行程组成，在做功行程中，曲柄连杆机构将活塞的往复运动转变成曲轴的旋转运动，将燃料燃烧后发出的热能转变为机械能。

2）配气机构：如图 12-3 所示，配气过程既是发动机工作过程不可缺少的组成部分，也是决定发动机动力、经济性能的极为重要的环节。一般汽车的发动机都采用气门式配气机构，其功用是按照发动机的工作顺序和工作循环的要求，定时开启和关闭各缸的进、排气门，使可燃混合气或空气及时进入气缸，燃烧后及时将废气从气缸排出。

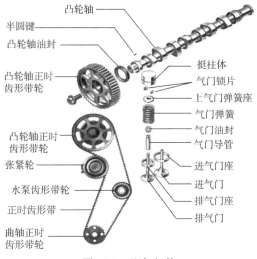

图 12-3　配气机构

配气机构的工作原理是：发动机工作时，曲轴通过正时带轮驱动凸轮轴旋转。当凸轮轴转到凸轮的凸起部分顶起气门组件时，压缩气门弹簧，使气门离座，即气门开启；当凸轮凸起部分离开后，气门便在气门弹簧的作用力下落座，即气门关闭。压缩和做功行程中，气门在弹簧张力的作用下严密关闭。

（2）五大系统

1）燃料供给系统：根据使用的燃料不同，汽车的燃料供给系统分为汽油机燃料供给系和柴油机燃料供给系统。

汽油内燃机燃料供给系统是将汽油和空气在气缸外进气管内进行混合，混合后再由进气门进入气缸。而柴油内燃机燃料供给系统与汽油内燃机有所不同，它是将柴油与纯空气分别送入气缸，在气缸内进行混合后燃烧做功。

2）润滑系统：发动机工作时，各运动零件均以一定的力作用在另一个零件上，并且产生高速的相对运动，有了相对运动，零件表面会产生摩擦，加速磨损。因此，为了减轻磨损，减小摩擦阻力，延长使用寿命，发动机上必须有润滑系统。

润滑系统的功用就是在发动机工作时连续不断地把数量足够、温度适当的洁净润滑机油输送至各个摩擦零件的摩擦表面，并在摩擦表面之间形成油膜，实现液体摩擦，从而减小摩擦阻力，降低功率消耗，减轻机件磨损，并清洗、冷却摩擦表面，以达到提高发动机工作可靠性和耐久性的目的。

润滑方式有压力润滑、飞溅润滑、飞溅＋压力润滑三种方式，如图 12-4 所示。润滑系统一般由机油泵、集滤器、滤清器、油道、油底壳、调压阀和安全阀等组成。发动机机油具有冷却、润滑、清洁、密封四大功能。

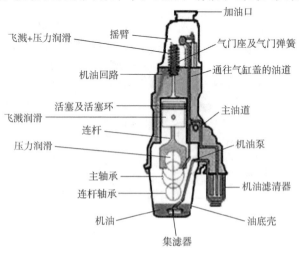

图 12-4 润滑方式

3）冷却系统：冷却系统的主要功用是把发动机工作时多余的部分热量及时散发出去，保证发动机在最适宜的温度状态下工作。

冷却系统按照冷却介质不同可分为风冷和水冷。把发动机工作时产生的热量直接通过空气的流动来进行散热的称为风冷式冷却系统。而把这些热量先传递给冷却水，然后再由散热器将热量散发掉的装置称为水冷式冷却系统。

由于水冷式冷却系统冷却均匀，效果好，而且发动机运转噪声小，所以目前汽车发动机广泛采用的是水冷式。水冷式系统一般由水泵、散热器、风扇、节温器、水道、水管等组成，如图 12-5 所示。

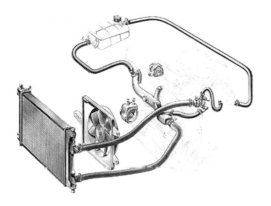

图 12-5　水冷式冷却系统

4）启动系统：为了使静止的发动机进入工作状态，必须先用外力转动发动机曲轴，使活塞开始上下运动，气缸内吸入可燃混合气或纯空气，然后依次进入后续的工作循环。依靠的这个外力系统就是启动系统。

目前几乎所有的汽车发动机都采用电力启动机启动。当电动机轴上的驱动齿轮与发动机飞轮周缘上的环齿啮合时，电动机旋转时产生的电磁转矩通过飞轮传递给发动机的曲轴，使发动机启动。启动系统如图 12-6 所示。

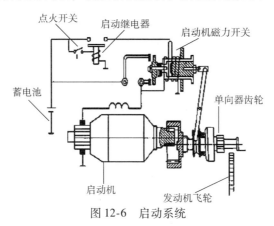

图 12-6　启动系统

5）点火系统：点火系统是汽油发动机比柴油发动机多出的一套系统，气缸在压缩行程将要结束时，即将进入的就是做功行程。这时候就需要有一个点火系统来适时、准确、可靠地点燃已经配好的可燃混合燃料，使发动机做功。

点火系统一般包括电源（蓄电池和发电机）、分电器、点火线圈和火花塞等，如图 12-7 所示。其作用是按一定时间向气缸内提供电火花，以点燃气缸内的可燃混合气。

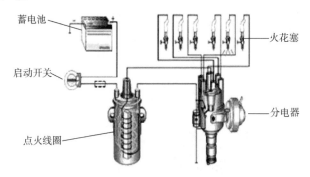

图 12-7　点火系统

12.2.2　发动机的基本术语和工作原理

1. 发动机的基本术语

发动机的构成复杂，均有相应的术语与其对应，如图 12-8 所示。

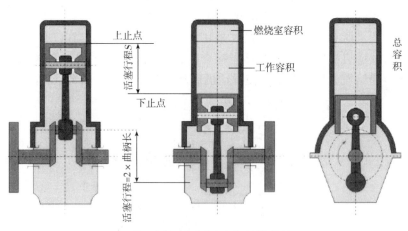

注：各缸工作容积之和为发动机排量

图 12-8　发动机的基本术语

1）上止点：上止点是指活塞离曲轴旋转中心最远处，通常即活塞顶部的最高位置。

2）下止点：下止点是指活塞离曲轴旋转中心最近处，通常即活塞顶部的最低位置。

3）活塞行程：上、下两止点间的距离 S 称为活塞行程。

4）行程：活塞由一个止点到另一个止点运动一次的过程。

5）曲轴半径：曲轴与连杆大端连接的中心到曲轴旋转中心的距离。

6）气缸工作容积：气缸工作容积是指活塞从上止点到下止点所让出的空间的容积，也称为气缸排量。

7）发动机工作容积：发动机工作容积是指发动机所有气缸工作容积之和，也称发动机的排量。

8）燃烧室容积：活塞在上止点时，活塞顶上面的空间叫燃烧室，它的容积称燃烧室容积。

9）气缸总容积：气缸总容积是指活塞在下止点时，活塞顶上面整个空间的容积，它等于气缸工作容积与燃烧室容积之和。

10）压缩比：气缸总容积与燃烧室容积的比值。

2. 发动机工作的基本原理

（1）四冲程汽油机的工作原理

四冲程汽油机的工作原理如图 12-9 所示。

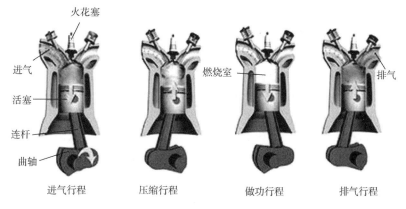

图 12-9　四冲程汽油机的工作原理

1）进气行程：曲轴带动活塞从上止点向下止点运动，此时，进气门开启，排气门关闭。活塞移动过程中，气缸内容积逐渐增大，形成真空度，于是空气经过空气滤清器与喷油器所提供的汽油进行混合变成可燃混合气，再通过进气门被吸入气缸，直至活塞到达下止点，进气门关闭时结束。

2）压缩行程：进气行程结束时，活塞在曲轴的带动下，从下止点向上止点运动，气缸内容积逐渐减小。此时进、排气门均关闭，可燃混合气被压缩，至活塞到达上止点时压缩行程结束。压缩过程中，气体压力和温度同时升高，并使混合气进一步均匀混合。

3）做功行程：在压缩行程末期，点火系统由火花塞产生电火花来点燃可燃混合气体，并迅速燃烧，使气体的温度、压力迅速升高，从而推动活塞从上止点向下止点运动，通过连杆使曲轴旋转做功，至活塞到达下止点时做功结束。

4）排气行程：在做功行程即将结束时，排气门打开，进气门关闭，曲轴通过连杆推动活塞从下止点向上止点运动。废气在自身剩余压力和活塞推动下，被排出气缸，至活塞到达上止点时，排气门关闭，排气结束。

（2）四冲程柴油机的工作原理

由于使用燃料的性质不同，四冲程柴油机的可燃混合气的形成和着火方式与汽油机有很大区别。下面主要叙述柴油机与汽油机工作循环的不同之处。

1）进气行程：进气行程中进入气缸的不是可燃混合气，而是纯空气。

2）压缩行程：压缩行程中是将吸入气缸内的纯空气进行压缩。

3）做功行程：在压缩行程终了时，喷油泵将高压柴油经喷油器变成雾状直接喷入气缸内的高温高压空气中，柴油被迅速汽化并与空气形成混合气。由于气缸内的温度高于柴油的自燃温度，柴油混合气立即自行着火燃烧，且此后一段时间内边喷油边燃烧，气缸内压力和温度急剧升高，推动活塞下行做功。

4）排气行程：此行程与汽油机基本相同。

由上述四冲程汽油机和柴油机的工作循环可知，两种发动机工作循环的基本内容相似。四个行程中只有做功行程产生动力，其他三个行程是为做功行程做准备工作的辅助行程，都要消耗一部分能量。

12.3 底　　盘

底盘是支撑、安装汽车发动机及其各部件的总称，形成汽车的整体造型，并接收发动机的动力，使汽车产生运动，保证正常行驶。底盘一般由传动系统、行驶系统、转向系统和制动系统四部分组成（图12-10）。

■12.3.1 传动系统

汽车发动机所发出的动力靠传动系统传递到驱动车轮。传动系统具有减速、变速、倒车、中断动力、轮间差速和轴间差速等功能，与发动机配合工作，能保证汽车在各种工况条件下的正常行驶，并具有良好的动力性和经济性。传动系统主要由离合器、变速器、万向传动装置、主减速器、差速器和半轴等组成（图 12-11）。

图 12-10　底盘

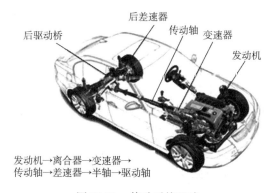

图 12-11　传动系统组成

1. 离合器

离合器的作用是使发动机的动力与传动装置平稳地接合或暂时地分离，以便于驾驶人进行汽车的起步、停车、换档等操作，如图 12-12 所示。

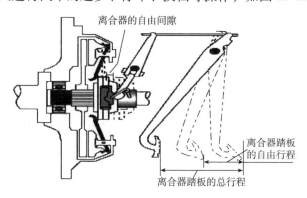

图 12-12　离合器的工作原理

2. 变速器

变速器用于汽车变速或改变输出转矩。变速器由变速器壳体、第一轴、第二轴、中间轴、倒档轴、齿轮、轴承、操纵机构等机件构成，如图 12-13 所示。

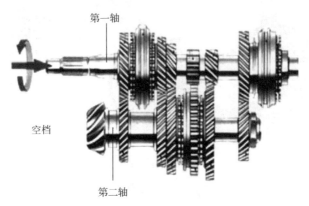

图 12-13　变速器

3. 主减速器

汽车的主减速器及差速器是驱动桥的主要部件。主减速器是汽车传动系统中降低转速、增大转矩的主要部件。对发动机纵置的汽车来说，主减速器还利用锥齿轮传动来改变动力传递方向。

4. 差速器

差速器的作用就是在向两边半轴传递动力的同时，允许两边半轴以不同的转速旋转，满足两边车轮尽可能以纯滚动的形式做不等距行驶，减少轮胎与地面的摩擦，如图 12-14 所示。

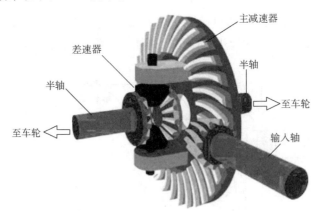

图 12-14　差速器

12.3.2 行驶系统

1. 行驶系统的组成

行驶系统由车架、车桥、悬架和车轮等部分组成。

2. 行驶系统的作用

1）接受传动系统的动力，通过驱动轮与路面的作用产生牵引力，使汽车正常行驶。

2）承受汽车的总重量和地面的反力。

3）缓和不平路面对车身造成的冲击，衰减汽车行驶中的振动，保持行驶的平顺性。

4）与转向系统配合，保证汽车操纵的稳定性。

3. 悬架系统

悬架系统是指由车身与轮胎间的弹簧和避震器组成的整个支撑系统。悬架系统的功能是支撑车身，改善乘坐的感觉，不同的悬架设置会使驾驶人有不同的驾驶感受。外表看似简单的悬架系统综合多种作用力，决定轿车的稳定性、舒适性和安全性，是现代轿车十分关键的部件之一，如图 12-15 所示。

12.3.3 转向系统

汽车上用来改变或恢复其行驶方向的专设机构称为汽车转向系统，转向系统的原理如图 12-16 所示。

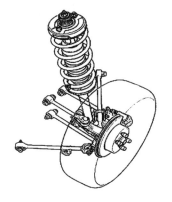

图 12-15 悬架系统

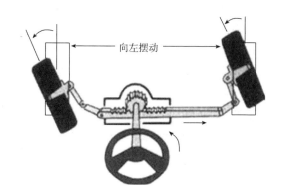

图 12-16 转向系统

12.3.4 制动系统

1. 制动系统的概念

促使外界（主要是路面）在汽车某些部分（主要是车轮）施加一定的

力，从而对其进行一定程度的强制制动的一系列专门装置统称为制动系统。

2. 制动系统的作用

制动系统的作用是使行驶中的汽车按照驾驶人的要求进行强制减速乃至停车。另外，制动系统可使已停驶的汽车在各种道路条件下（包括在坡道上）稳定驻车，并能保证下坡行驶的汽车速度维持稳定。制动系统如图 12-17 所示。

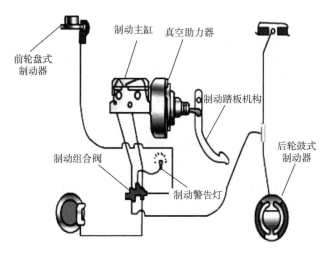

图 12-17　制动系统

3. 制动系统的分类

按作用的不同分类，制动系统可分为行车制动系统、驻车制动系统及辅助制动系统等。

1）用于降低行驶中的汽车速度乃至停车的制动系统称为行车制动系统。

2）用于将已停驶的汽车驻留原地不动的制动系统则称为驻车制动系统。

3）在行车过程中，辅助行车制动系统降低车速或保持车速稳定，但不能将车辆紧急制停的制动系统称为辅助制动系统。

上述各制动系统中，行车制动系统和驻车制动系统是每一辆汽车都必须具备的系统。

12.4　车　　身

汽车车身安装在底盘的车架上，用来供驾驶人、旅客乘坐或装载货物。

轿车、客车的车身一般是整体式结构，如图 12-18 所示。

汽车车身结构主要包括：车身壳体（白车身）、车门、车窗、车前钣金

件、车身内外装饰件和车身附件、座椅以及通风管道装置等。在货车和专用
汽车上还包括车厢和其他装备。

图 12-18　车身

12.5　电　气　设　备

电气设备由电源和用电设备两大部分组成。电源包括蓄电池和发电机，
用电设备包括发动机的启动系统、点火系统及其他用电装置，如照明、信号、
仪表、空调、音响、刮水器等，如图 12-19 所示。

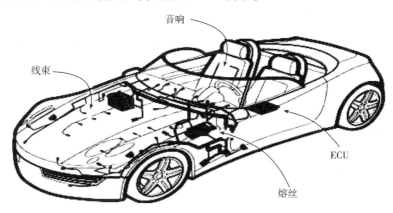

图 12-19　用电设备

1. 蓄电池

蓄电池的作用是给启动机提供电能，并在发动机启动或低速运转时向发
动机点火系统及其他用电设备供电。当发动机高速运转时，由发电机发电，
充足蓄电池。蓄电池可以储存多余的电能，为下次启动做准备。蓄电池上的
每个单电池都有正、负极柱，其外形如图 12-20 所示。

2. 发电机

发电机是汽车的主要电源，其功用是在发动机正常运转时（怠速以上），向所有用电设备（启动机除外）供电，同时向蓄电池充电，如图 12-21 所示。

3. 启动机

启动机的作用是将电能转变成机械能，带动曲轴旋转，启动发动机，如图 12-22 所示。

图 12-20　蓄电池　　　　图 12-21　发电机　　　　图 12-22　启动机

12.6　车辆使用与维护

■ 12.6.1　轮胎更换

轮胎是一辆车上工作时间最长、工作条件变化最多的部件，也是随时有可能出问题的一个环节。事实上，轮胎也是一辆汽车上唯一原厂就提供后备的零部件。因为谁也无法预料何时何地会爆胎，因此要学会自己更换轮胎，这一基本技能是每个车主都要掌握的。

1. 保持备胎"健康"

自己换轮胎的首要条件是要有备胎，并且这个备胎是"健康"的，所以在日常保养的时候也应该关注备胎是否完好。部分 4S 店在做保养时会自觉帮忙检查备胎，但一些 4S 店则不会做这项工作。因此，最好能每隔一两个月检查一次备胎的胎压是否正常。至于以拿掉备胎来换取更多行李箱空间或者省油的做法，是极其不可取的。

2. 车要停在安全位置

（1）停车位置的选择

倘若在行车过程中遇上爆胎，首先要保持镇定，切记不要慌张，双手要紧握转向盘，尽量将车子慢慢驶到安全的地方停下。首先保证不影响其他车辆的正常行驶，其次也为自己的安全考虑。爆胎后不代表汽车彻底不能移动，因此短距离的移动到安全地带是可行的。可选择一个地面较平坦、坚硬的位置，同时应注意避免在转弯处停车。

（2）熄火

停车后要熄火并拉紧驻车制动，自动档的车要挂入 P 档，手动档的车挂在 1 档或倒档，避免车辆滑动（如果有三角木、砖块等硬物塞在车轮下更好）。

（3）示警

停好车之后，启动警告灯，取出三角警告牌（一般厂家都有配，放置在行李箱中，如果遗失，应自己买一个备用），如图 12-23 所示，放在车子后方，以提醒来车方向的车辆，避免二次事故的发生。警示牌的放置距离根据路况而定，一般道路上，应放在 50m 以外，高速上应该放在 100m 以外。在能见度较低的雨雾天气或者夜晚，警示牌应该摆在 150m 以外。

图 12-23　三角警示牌

3. 汽车轮胎更换

更换轮胎按以下步骤进行：

1）确保环境安全后到行李箱取出随车工具，包括千斤顶、套筒扳手等。将备胎取出来，先大致检查一下备胎的气压，可常备一个便携式胎压计，若没有，可将备胎竖立提起来"弹"两下，判断胎压是否足够。一般来说，根据不同汽车的重量以及载重，胎压一般应在 2.2 ~ 2.6bar（$1bar = 10^5Pa$）。在保养备胎的时候，应该将备胎胎压打高一些，给予调整的空间，免得胎压过低无法使用。当然，定期确认工具是否齐全也至关重要。

2）用轮胎螺母专用套筒将受损轮胎的轮胎螺母以对角形式拧松。拆卸固定车轮螺母时要注意用力方向，逆时针方向为拧松，顺时针方向为拧紧。只需拧松即可，不需要把螺钉全拧下来。如果固定车轮的螺钉拧得很紧，可以借助身体的重量来使螺钉松动，但一定要注意安全。如果车轮上有车轮罩，需要将车轮罩移开才能松开轮胎螺母，可用轮胎套筒另一边的扁口或其他专用工具将其取下，如图 12-24 所示。

3）把千斤顶放在底盘支架上（注意一定要对准位置，别顶到车身铁皮），如图 12-25 所示），把车身慢慢升起至车胎只有少许贴着地面的位置。把后备车胎垫在车底，放在靠近千斤顶的地方，以防千斤顶突然失去作用，车子突然跌下，这样使得车身下坠时会首先压到车胎，得到缓冲，避免伤到人员及车底部件。

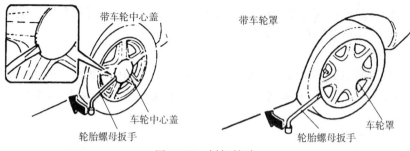

图 12-24　拆卸轮胎

4）当用千斤顶把车体升起来后，可将需要更换轮胎的螺钉全部拧下来，收好备用。

5）此时再一次转动千斤顶，把车身升高约 10cm，如图 12-26 所示，确保有足够的空间可把充气正常的后备轮胎放入，然后取下已爆破的轮胎，将其放入车底，再将后备轮胎装上。

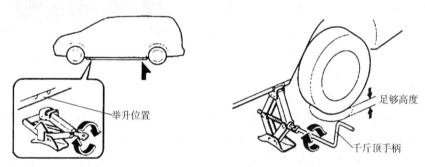

图 12-25　千斤顶置于底盘支架　　　　图 12-26　用千斤顶升高车身

6）装上轮胎后，确保螺母位置正确，先把所有螺母按顺时针的顺序预紧，再按照对角的顺序拧紧螺母，如图 12-27 所示。由于车轮仍悬在半空，所以螺母不能上至最紧状态。

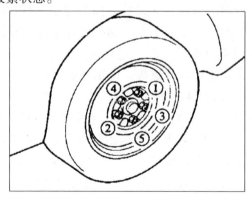

图 12-27　拧紧螺钉的顺序

7）先拿走车底下的轮胎，然后慢慢放下千斤顶。当轮胎着地后便可再一次用对角形式逐一将螺母锁紧，以免轮胎悬空时未将轮胎锁紧，导致汽车行驶过程中出现"脱胎"现象。此时，可用脚踩的方式逐一将各个螺母彻底拧紧，要控制力度，否则螺纹易滑牙。

8）把更换轮胎所使用的工具、千斤顶和泄气轮胎收回到行李箱。至此，便完成了整个轮胎更换程序。

这里值得注意的是，如果更换的是全尺寸备胎，就可以按道路限速行驶，如果是非全尺寸备胎，就必须按备胎上标写的限速（一般应该在 80km/h 以下）行驶，并尽快到专业维修地点进行相关处理。

由上可知，换轮胎难度不大，但有许多注意事项需要引起重视，简述如下：

1）定期检查备胎。

2）随车工具要齐全。

3）换胎前应车辆熄火拉紧驻车制动，保证车辆不会滑动。

4）换胎要选择安全位置，避免停在弯道或快车道，警示牌放在足够距离以外。

5）换胎前要检查备胎是否"健康"。

6）选择正确的千斤顶支点。

7）不用的轮胎要放在车底，以防千斤顶失效。

8）在轮胎尚未完全离地时开始拧松螺钉，顶起后再完全松掉。

9）装上的备胎先初步拧紧螺钉，轮胎下降到着地后再用脚踩加固。

10）非全尺寸备胎不要放在驱动轴，时速不要超过 80km/h。

11）换下的坏轮胎要尽快修补或更换。

▌12.6.2　行车前的注意事项

行车前的安全检视是为了避免行车中出现故障引发意外，提前发现和解决问题，关系到自身和他人的生命财产安全，须认真执行。

1. 驾驶室内部的检视

1）打开点火开关查看燃油表，燃油应保持在 2/3 左右。根据汽车百公里耗油量和当天计划的行程可计算出存油是否能够满足行程。

2）查看转向装置的连接和工作情况，转向盘游动间隙是否正常，联动机件有无松旷。

3）查看汽车制动器操纵杆，检查制动效能和行程是否正常。测量脚制动踏板自由行程是否正常，踏下制动踏板，检查制动力有无异常。

4）检查发动机工作情况，启动发动机至热车，挂入空档，踩加速踏板，检查变换转速发动机是否运转正常。

5）检查仪表及指示灯工作情况是否正常。检查各灯光开关是否灵活自如，各灯光是否正常可靠，判断喇叭声音是否正常有效，刮水器是否工作正常，刮水器高、低速工作时应灵活自如。

6）检查侧视镜和室内后视镜位置是否正确。

7）检查安全带是否安全可靠，查看放在车内的物品是否摆放正确或固定妥当。

2. 发动机舱的检视

发动机舱如图 12-28 所示，对其检查应遵循以下步骤：

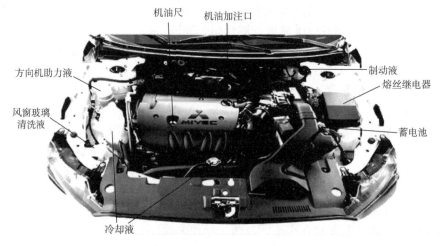

图 12-28　发动机舱

1）检查机油量，发动机启动前拔出机油尺，将其擦干净并再次插入，然后拔出，查看机油高度是否在标准线内。

2）检查冷却液，查看回水箱或打开水箱盖，存水应在标尺线以上，否则应添加。

3）检查方向机助力液，液面应在标尺的中线至上线范围内。

4）检查制动液，液面应在油杯上刻度线位置。

5）检查变速器油况（此条针对部分自动变速器车型），当汽车启动运行一段时间后，拔出油尺查看是否在标准线内。

6）检查风窗玻璃清洗液，及时添加。

7）检查油、水、气管路密封情况，启动发动机后采取看、听、摸等方法检查，重点检查各管道头和衬垫处，不得有渗漏现象。

8）检查风扇固定有无松旷，传动带张力是否正常。

9）检查发动机运转情况，应无异响、无严重抖动、无回火、无"放炮"、无冒黑烟或蓝烟等现象，加速时顺畅无顿挫感。

10）检查各固定部位是否紧固可靠，应无松动现象。

3. 车辆外部的检视

1）检视车身外部各部件是否良好，工作是否可靠。

2）检视减振器性能是否良好。

3）检视全车清洁，应无漏油、漏水现象，各连接部位应可靠。

4）检视随车工具及附件是否齐全，备胎应完好无缺。

5）检视牌照及标志是否完整，布置位置是否正确。

6）检视各灯光是否明亮，玻璃有无损伤。

7）检视轮胎气压是否正常，固定是否可靠。

8）检视油箱盖是否关好。

4. 轮胎的检查

1）轮胎气压：根据轮胎着地部分的弯曲状态，判断气压是否正常。

2）有无裂痕损伤：检查轮胎周围是否有明显的裂痕和损伤，检查轮胎四周是否被钉子、石子或其他东西轧破或损坏。

3）异常磨损：检查轮胎的着地面，是否有异常磨损。

4）沟槽的深度：检查轮胎的沟槽深度是否足够。

5）轮胎长时间行驶会出现一侧磨损的状态，从而缩短轮胎寿命，对行驶和制动力也会产生影响，所以要定期对汽车轮胎位置进行换位。轮胎换位方法有"循环换位法"和"交叉换位法"，可根据具体情况选择，一经选定，就应始终按选定方法换位。换位一般在每行驶 10，000～15，000km 后进行。

 **思考题**

1. 大家听说过哪些类型的发动机？

2. 四冲程发动机一个工作循环是哪四个行程？

3. 四冲程汽油发动机与柴油发动机各由哪些系统和机构组成？

4. 发动机一般有哪几种散热方式？

5. 发动机为什么能转动？

6. 轮胎爆了你会换吗？更换过程中应注意什么？

7. 请填写图 12-29 中的空白。

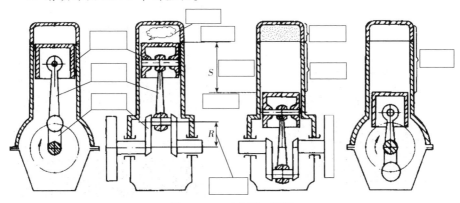

图 12-29　思考题 7 题图

第 *13* 章

木工模型制作

教学重点与难点

- 木工模型材料与常用工具
- 木工的安全操作规程
- 孔明锁的制作

13.1　概　　述

在人们建造一些重要的建筑物或大型工程项目前，常常先要制作微缩的建筑模型。图 13-1 所示为传统的古建筑模型，图 13-2 所示为三峡大坝模型。通过模型的制作可以加速设计进程，这主要是因为：一方面，模型三维立体的特征能在方案设计阶段使设计师的创意在空间上自由展开；另一方面，它又能在设计方案的推敲阶段使设计者寻找到一些在图样上难以传达的审视角度。如制作建筑模型除了可以使设计师更直接地从真实的空间来检验设计想法的可行性及建筑的微缩效果外，还可以使设计者借助模型来推敲建筑内外的造型、结构、色彩、材质肌理，并模拟建筑与光线之间产生的光影关系。当工程图样与模型综合使用时，其设计的产品会更具有说服力。

图 13-1　古建筑模型

图 13-2　三峡大坝模型

13.2　木工模型材料的选择与使用

虽然由于时代的发展和科技的进步，材料的种类层出不穷，如泡沫、纸张、有机板、胶板（PVC 板材）、金属板、石膏板等。但是，在现代模型制作过程中，同其他材料相比，木材仍然占有很重要的地位，这是由于木材价格便宜，加工方便，且具有很好的稳定性。

1. 纸张

纸张的种类很多，常见的种类有皮纹纸、布纹纸、宣纸、水彩纸、油画纸、瓦楞纸、色卡纸等。

纸张的纹理与色彩多种多样，如图 13-3 所示，厚度从 0.1mm 到 1.8mm 不等。厚度在 1.5～1.8mm 范围内的卡纸具有很强的硬度，在模型制作中十分常用，其平面规格一般为 A2 尺寸。在模型制作时常被用作骨架、墙体、地形、高架桥等以自身强度稳固形体的物体。

图 13-3　纸张纹理及色彩

2. 泡沫

在模型的制作和加工中，泡沫也是一种使用十分高效和便捷的材料，因此它常被作为方案设计初期的模型制作基本材料。泡沫的平面规格通常为 1000mm×2000mm，厚度有 10mm、20mm、30mm、50mm、80mm、100mm 等规格。此外，在广告材料中，珍珠板（KT 板）的特性与泡沫相同，也可以作为泡沫的替代品使用。图 13-4 所示为用泡沫制作的飞机模型。

3. 木材

木材分为方料、板材、木屑、树皮、软木等。其中方料指小木方，通常用于制作模型的体块结构。板材是指常用的大芯板（细木工板）、面板、密度

图 13-4　用泡沫制作的飞机模型

板、夹板等。大芯板可用于制作模型底台的基础部分，而面板和密度板的表面纹理细腻，可用于制作模型的墙体结构等。木屑是指木材加工过程中产生的木屑，其经过筛选后，可用于模拟草皮或沙地的效果。树皮拥有粗糙的纹理，可用于模拟一些特殊的模型表面效果。此外，软木可在建材市场或汽车配件店中买到，平面尺寸一般为 400mm × 750mm，厚度有 1～5mm 不等的规格。软木加工容易，无毒、无噪声，制作快捷，用它制作的模型，具有奇特的质感。当软木的厚度达不到制作要求时，可以将多层软木叠加粘贴在一起，以达到所需厚度，灵活性较强。在对软木进行切割时，单层软木可用手术刀或裁纸刀切割，较厚的软木可以用台式曲线锯切割。用木材制作的建筑模型群如图 13-5 所示。

图 13-5　木材建筑模型群

4. 有机板

有机板分为透明和有色两种类型，重量比玻璃轻。有机板的切割方法比玻璃简单，在模型中常用于表现玻璃的质感。有机板品种及规格有很多种，通常在广告店可买到。透明有机板颜色主要有茶色、淡茶色、白色、淡蓝色、淡绿色等；不透明的有机板主要有瓷白色、红色、黄色、蓝色、绿色、紫色、黑色等。

有机材料除了板材外，还有管材和棒材等形式，直径为 4~150mm，适用于制作一些具有特殊形状的模型。

由于有机板的质地较硬、脆，因此在切割时需结合使用钢尺和钩刀。在制作特殊形状时，还需要使用热熔设备进行加工，其中粘贴剂常使用三氯甲烷或 502 胶水。虽然有机板在加工程序上较难，但由于其易于粘贴，强度高，做出的模型造型明亮且保存时间长，因此有机板是商业展示或陈列性展示中最常用的材料之一。不过因其售价较高，在模型教学中主要作为辅材来使用。有机玻璃医用无菌箱如图 13-6 所示。

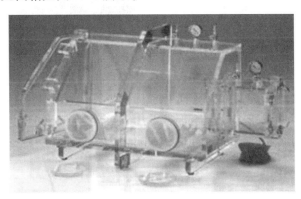

图 13-6　有机玻璃医用无菌箱

5. ABS、PVC 胶板

ABS、PVC 胶板是雕刻机专用板材，质地较软，呈不透明的白色，常见厚度有 0.5mm、1mm、1.2mm、1.5mm、2mm、3mm、5mm、8mm、10mm 等。其弯曲性较有机板优越，易于加工，一般用裁纸刀就可以加工，粘贴性能也较好。

6. 金属

在模型制作中，常用金属材料有铝板、铜板和薄铁皮。根据它们的特性，在切割前应注意预先留好折边的相应尺寸，再用合适的工具进行切割，最后用万能胶或电焊机进行连接。由于金属板材具有独特的性质，所以不能在同一处多次弯折，避免折断。图 13-7 所示为用金属制作的汽车模型。

7. 石膏

当需要刻画较为细致的建筑构件或雕塑时，可先从建材市场购买石膏粉，将其掺水搅拌均匀，待石膏体凝固后再使用雕刻刀雕刻出所需模型造型。常见的石膏粉为白色,如需改变石膏的颜色,要在加水搅拌时掺加所需颜料进行调和,但上色的做法不易将石膏的整体色彩控制均匀,所以一般在制作小比例（1:500或更小）且大批同等规格的构筑物时才选用。这种方法也是制作雕塑草稿的常用手法。用石膏制作的艺术模型如图13-8所示。

图13-7　金属汽车模型　　　　　　图13-8　石膏艺术模型

8. 废物

废物的定义相当广泛,如碎布料、枯树枝、干花、废弃包装材料等,凡是适合运用到模型制作中的材料都有选用的可能。在运用这类材料时,主要是考验设计者对材料的再创造或再组合的能力,目的是"化腐朽为神奇"（图13-9）。

图13-9　碎布工艺模型

13.3　木工模型制作工量具及使用

模型的切割工具和黏合剂要根据所选材料对象的特性来进行选用。

　　一般常用手工工具有裁纸刀，它用于切割纸片或纸板。钩刀用于切割有机板和 PVC 胶板，如图 13-10 所示。手工锯用于切割木板和泡沫板。锉刀用于精修配合件中的凹槽。手工刨用于修整平面，如图 13-11 所示。

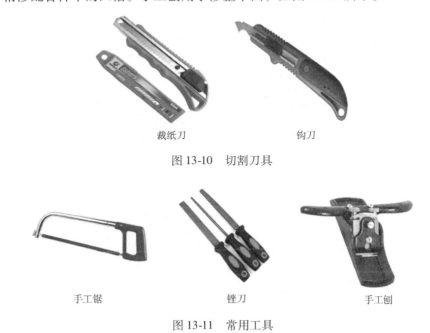

裁纸刀　　　　　　　　　　　　钩刀

图 13-10　切割刀具

手工锯　　　　　　　　锉刀　　　　　　　　手工刨

图 13-11　常用工具

1. 粘贴工具

　　白乳胶作为一种典型的粘贴工具，常用于纸卡模型和木材的粘贴。三氯甲烷和 502 胶水用于有机板材和 PVC 胶板的粘贴，其中，三氯甲烷有很强的腐蚀性但粘贴牢固，502 胶水粘贴速度快但价格较高。UHU 胶水（AB 胶）是模型制作专用胶水，韧性强，粘贴牢固，适宜各种材料，如图 13-12 所示。相比上述粘贴材料，黏性较小且较易撕取的双面胶、透明胶和分色纸，常作为模型制作过程中临时性辅助粘贴的材料来使用。

乳胶、三氯甲烷、502胶水、UHU胶（AB胶）

图 13-12　粘贴材料

2. 电动工具

制作模型时常用手持电钻、带锯、曲线锯、砂带机等电动工具。手持电钻用于钻孔，钻孔后可使模块更加容易粘接或铆接。带锯、曲线锯用于快速切割板材和复杂形状。砂带机用于对模块的打磨，可使材料变得光滑而更具有美感。以上所述的几种电动工具如图 13-13 所示。

木工砂磨机的使用方法

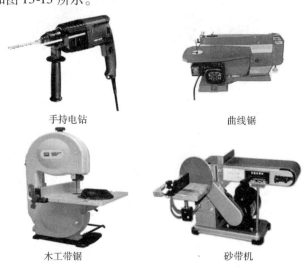

手持电钻　　　　　　　　　　曲线锯

木工带锯　　　　　　　　　　砂带机

图 13-13　常用电动工具

3. 量具

一般量具有钢直尺、卷尺、直角尺、量角器、圆规、组合三角尺等，它们在模型制作中占有重要的地位，用于计划制作和测量，是辅助体现模块或整体模型技术参数的重要工具，如图 13-14 所示。

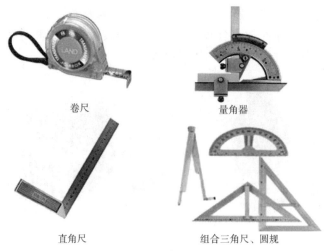

卷尺　　　　　　　　　　　量角器

直角尺　　　　　　　　组合三角尺、圆规

图 13-14　常用量具

13.4　模型制作安全操作规程

对于现代模型制作而言，制作过程中会使用到很多的电动工具和有腐蚀性的粘贴材料，所以安全生产至关重要。只有加强规范操作，才能避免工作中的疏忽，减少工伤事故的发生，同时也能提高学生的动手积极性。由此，模型制作安全操作规程如下：

1）操作机械设备前要戴好防护用品，女生的头发应该塞入帽子里。禁止穿背心、短裤、裙子、拖鞋和凉鞋操作机械设备，更不允许戴手套操作。

2）工作时，操作者的身体应该与机械设备和工件保持一定的安全距离，以防止排屑时飞进眼睛或烫伤皮肤。

3）使用三氯甲烷等有腐蚀性粘贴材料时，应遵循适量取用原则。使用时戴好防护用品，不慎吸入后应迅速脱离现场至新鲜空气处。如不慎将材料与皮肤或眼睛接触，应立即用大量流动清水或生理盐水彻底冲洗至少 15min，然后就医。

4）不得在实训室大声喧哗，嬉戏打闹，以免分散他人注意力，导致安全事故的发生。

5）工作完毕后，将所用过的物件擦净归位，清理机床，打扫实训室卫生，待老师检查合格后方能离开实训室。

13.5　木工制作实训

木质孔明锁（图 13-15）的制作主要是培养学生实际动手能力、对空间感的认知能力以及对整体的把握能力，让同学们掌握简单的制作工艺和制作流程。通过简单、系统的学习，可以让同学们在以后的模型制作中积累经验。

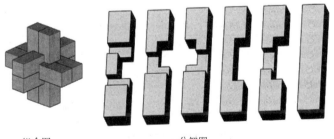

组合图　　　　　　　　　分解图

图 13-15　孔明锁示意图

13.5.1 材料的选择与尺寸划线

1. 材料选择

基础部分的学习已经为如何选择材料奠定了基础，但是被选择的材料中也会有瑕疵。这时细心充分地考虑就非常重要，例如：木材加工时应该选择纹路，按竖纹、横纹（图 13-16）的不同进行选择和加工，如果纹路选择错误，会直接导致材料承受力的减小，达不到指定效果。

图 13-16　木头的纹路

2. 尺寸划线

在孔明锁制作过程中，划线至关重要，它包括平面划线和立体划线两种。平面划线时，一般要划两个方向的线条，而立体划线一般要划三个方向的线条。每划一个方向的线条就必须有一个划线基准，故平面划线要选两个划线基准，立体划线要选三个划线基准，如图 13-17 所示。

尺寸放样

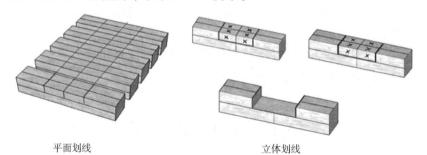

平面划线　　　　　　　　　立体划线

图 13-17　尺寸划线

13.5.2 孔明锁制作流程

孔明锁的制作流程见表 13-1。

表 13-1　孔明锁的制作流程

序号	加工内容	加工步骤图	备　注
1	将木板或长木条截成六根 20mm × 20mm × 100mm 的规格	100　20　20	工具：钢直尺、直角尺、铅笔、钢锯、砂纸 注意：1）木条上有结疤时要尽量避开 2）锯断后清理断面棱边的毛刺

（续）

序号	加工内容	加工步骤图	备　注
2	分别画出沿木条长棱和短棱方向的中心线（画出中心线后其余线条可进行模仿）		工具：钢直尺、直角尺、铅笔 注意：1）画线线条要细一些，以免加工时误差太大 2）将加工过程中需要去掉的部分用铅笔打上"×"标记，以免混乱
3	粗加工：锯削加工（红色部分表示锯削后的残留）		工具：拉锯、小台虎钳 注意：1）将构件夹持在台虎钳上，用拉锯锯掉划线的内侧 2）不能把线锯掉，锯时锯片要保持垂直
4	精加工锉削加工		工具：木锉、钢锉、钢直尺、游标卡尺、直角尺 注意：把锯切、凿切的面锉平整，尺寸修到位，同时注意保证相互平行、垂直的平面之间的关系不能发生变化
5	组装	1　2　3　4　5　6	注意：组装前必须按顺序排列整齐
6	1 号与 2 号配合		注意：要求滑配

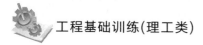
（续）

序号	加工内容	加工步骤图	备　　注
7	3号与2号配合并与1号接触		注意：要求滑配
8	4号与1号、2号分别配合并与3号接触		注意：要求滑配
9	5号在2号对面与1号配合		注意：要求滑配
10	6号插进方孔里面后组装完成		注意：要求滑配

思考题

1. 木工操作的安全注意事项有哪些?
2. 木工常用的工具有哪些?
3. 木工模型制作常用的材料有哪些?
4. 如何画孔明锁的加工线?
5. 设计并制作一个收纳盒。
6. 设计并制作一个床上计算机桌。

第 *14* 章

快速成形技术

教学重点与难点

- 掌握快速成形的基本原理及特点。
- 了解快速成形的工艺过程。
- 了解快速成形的典型工艺方法。
- 熟悉快速成形技术的应用及其发展方向。
- 掌握熔融沉积成形设备的基本操作方法。
- 熟练使用三维建模软件进行模型设计。
- 熟练使用成形设备进行模型制作。

14.1 概　　述

14.1.1　快速成形的概念

快速成形（Rapid Prototyping，RP）是 20 世纪 80 年代末及 90 年代初发展起来的新兴制造技术，是由三维 CAD 模型直接驱动快速制造出任意复杂形状三维实体的总称，习惯上也将快速成形技术称为 "3D 打印" 或者 "三维打印"。

14.1.2　快速成形技术的特点及应用范围

1. 快速成形的技术特点

同传统技术相比，快速成形技术的特点主要包括以下几点：

1）制造原型所用的材料不限，各种金属和非金属材料均可使用。

2）原型的复制性、互换性高。

3）制造工艺与制造原型的几何形状无关，在加工复杂曲面时更显优越。

4）加工周期短，成本低，成本与产品复杂程度无关，一般制造费用降低50%，加工周期节约 70% 以上。

5）高度技术集成，可实现设计制造一体化。

6）用 CAD 模型直接驱动，其直观性和易改性为产品的完美设计提供了优良的设计环境。

2. 快速成形技术的应用

1）产品设计评估与校审：快速成形技术将 CAD 的设计构想快速、精确而又经济地生成可触摸的物理实体。显然比将三维的几何造型展示于二维的屏幕或图纸上具有更高的直观性和展示性。对成品而言，设计人员也可及时体验其新设计产品的使用舒适性和美学品质。

2）产品工程功能试验：使用新型光敏树脂材料制成的产品零件原型具有足够的强度，

可用于传热、流体力学试验；用某些特殊光敏固化材料制成的模型还具有光弹特性，可用于产品受载应力应变的分析，较之以往的同类试验可以大大节省试验费用。

3）厂家与客户或订购商的交流手段：通过快速成形设备制造的成品，可以在产品商品化的过程中作为产品向客户提供，或者进行市场宣传等。快速成形技术已成为并行工程和敏捷制造的一种技术途径，使用快速成形技术制造的一些样品经常在展览会上出现。

4）快速模具的制造：以快速成形技术生成的实体模型作为模芯或模套，结合精铸、粉末烧结或电极研磨等技术可以快速制造出企业生产所需要的功能模具或工装设备，其制造周期较传统的数控切削方法可缩短 30% ~ 40%，而成本却下降 35% ~ 70%，模具的几何复杂程度越高，这种效益越显著。

5）机械产品的制造：机械制造领域内的复杂产品、单件小批量生产，一般均可用快速成形技术直接进行成形，成本低，周期短。

6）医疗行业：根据 CT 扫描信息，应用熔融挤压快速成形的方法可以快速制造人体的骨骼（如颅骨、牙齿等）和软组织（如肾）等模型，可以进行手术模拟、人体骨关节的配置、颅骨修复，对外科手术有极大的应用价值。在康复工程上，采用熔融挤压制造的人体和肌体的结合部位能够做到最大程度的吻合，减轻了假肢使用者的痛苦。

7）航空航天领域：快速成形技术在航空航天领域的应用主要集中在产品外形验证、直接产品制造和精密熔模铸造的原型制造三个方面。调查显示，其在航空航天工业领域的应用份额已占全部应用领域的 10% 以上。

8）文物保护：博物馆里常常会用很多复杂的替代品来保护原始作品不受环境或意外事件的侵害，同时复制品也能使艺术或文物影响更多、更远的人。

9）配件、饰品：这是快速成形技术最广阔的一个市场，不管是个性笔筒，还是有半身浮雕的手机外壳，还是世界上独一无二的戒指、鞋子、服装，都有可能通过 3D 打印机打印出来。

■ 14.1.3　快速成形技术的原理

快速成形技术采用离散/堆积成形原理，根据三维 CAD 模型，对于不同的工艺要求，按一定厚度进行分层，将三维数字模型变成厚度很薄的二维平面模型。再将数据进行一定的处理，加入加工参数，在数控系统控制下以平面加工方式连续加工出每个薄层，并使之黏结而成形。实际上就是基于"生长"或"添加"材料的原理，一层一层地离散叠加，从底至顶完成零件的制作过程。

快速成形有很多种工艺方法，但所有的快速成形工艺方法都是一层一层地制造零件，所不同的是每种方法所用的材料不同，制造每一层添加材料的方法不同，其原理如图 14-1 所示。

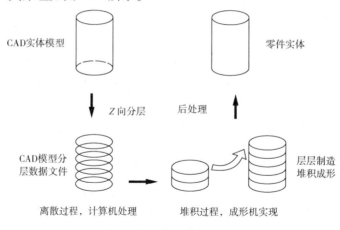

图 14-1　快速成形的原理

■ 14.1.4　快速成形制造的基本过程

1. 产品三维 CAD 模型的构建

设计人员可应用各种三维造型系统（如 SolidWorks、Pro/E、SolidEdge、3D MAX、UG 等）进行三维实体造型，将设计人员所构思的零件概念模型转换为三维 CAD 数据模型。也可以通过三维扫描仪、核磁共振图像、三坐标测量仪等方法对三维实体进行反求，获取三维数据，以此建立实体的 CAD 模型。

2. 三维模型的近似处理

由三维造型系统将零件 CAD 数据模型转换成一种可被快速成形系统所能

接受的数据文件，如 STL、IGES 等格式文件。目前，绝大多数快速成形系统采用 STL 格式文件，因为 STL 文件易于进行分层切片处理。

3. 三维模型的分层处理

根据被加工模型的特征选择合适的加工方向，将三维实体沿选定的方向切成一个个二维薄片，薄片的厚度可根据快速成形系统制造精度在 0.05 ~ 0.5mm 之间选择。

4. 逐层堆积成形

根据切片的轮廓及厚度要求，在计算机控制下，相应的成形头（激光头或喷头）按各界面轮廓信息做扫描运动，在工作台上一层一层地堆积材料，然后将各层相黏结，最终得到原型产品。

5. 后处理

对完成的原型进行处理，如深度固化、去除支撑、修磨、着色等，使之达到要求。快速成形工艺流程如图 14-2 所示。

图 14-2　快速成形工艺流程

14.1.5　快速成形技术的发展方向

1）开发性能好的快速成形材料，如低成本、易成形、变形小、强度高、耐久及无污染的成形材料。

2）提高快速成形系统的加工速度和开拓并行制造的工艺方法。

3）改善快速成形系统的可靠性，提高其生产率和制作大件能力，优化设备结构，尤其是提高成形件的精度、表面质量、力学和物理性能，为进一步进行模具加工和功能试验提供基础。

4）开发快速成形的高性能 RPM 软件。提高数据处理速度和精度，研究开发利用 CAD 原始数据模型直接切片的方法，减少由 STL 格式转换和切片处理过程所产生的精度损失。

5）开发新的成形能源。

6）改进和创新快速成形方法和工艺。直接金属成形技术将会成为今后研究与应用的一个热点。

7）进行快速成形技术与 CAD、CAE、RT、CAPP、CAM，以及高精度自动测量，逆向工程的集成研究。

8）提高网络化服务的研究力度，实现远程控制。

14.2 快速成形的典型工艺方法

14.2.1 熔融沉积成形法（FDM）

1. FDM 的工艺原理

这种工艺是通过将丝状材料（如 ABS 树脂、石蜡或金属）的熔丝从加热的喷嘴挤出，按照零件每一层的预定轨迹，以固定的速率进行熔体沉积。每完成一层，工作台下降一个层厚进行叠加沉积新的一层，如此反复最终实现零件的沉积成形。FDM 工艺的关键是保持半流动成形材料的温度刚好在熔点之上（比熔点高 1℃左右）。其每一层片的厚度由挤出丝的直径决定，通常是 0.20～0.50mm，其工艺原理与制品如图 14-3 所示。

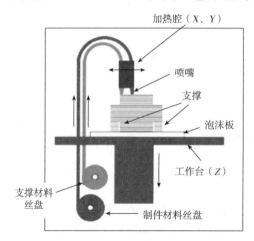

加热腔（X、Y）

喷嘴

支撑

泡沫板

工作台（Z）

支撑材料
丝盘

制件材料丝盘

图 14-3 熔融沉积成形法的工艺原理及制品

2. FDM 工艺的特点

1）FDM 的优点是材料利用率高，材料成本低，可选材料种类多，工艺简洁。

2）缺点是精度低，复杂构件不易制造，悬臂件需加支撑，表面质量差。

3）该工艺适合于产品的概念建模及形状和功能测试，制造中等复杂程度的中小原型零件，但不适合制造大型零件。

14.2.2 选择性激光烧结法（SLS）

1. SLS 的工艺原理

选择性激光烧结法（SLS）是在工作台上均匀铺上一层很薄（100～

200μm）的非金属（或金属）粉末，激光束在计算机的控制下按照零件分层截面轮廓逐点地进行扫描、烧结，使粉末固化成截面形状。完成一个层面后粉末平台下降一个层厚，滚动铺粉机构在已烧结的表面再铺上一层粉末进行下一层烧结。未烧结的粉末保留在原位置起支撑作用，这个过程重复进行，直至完成整个零件的扫描、烧结，去掉多余的粉末，再进行打磨、烘干等处理后便获得需要的零件。用金属粉或陶瓷粉进行直接烧结的工艺现在已比较成熟，它可以直接利用工程材料制造零件，其工艺原理及制品如图 14-4 所示。

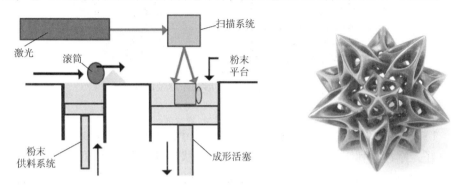

图 14-4　选择性激光烧结法工艺原理及制品

2. SLS 的工艺特点

1）SLS 工艺的优点是原型件力学性能好，强度高，无须设计和构建支撑，可选材料种类多且利用率高（100%）。

2）缺点是制件表面粗糙，疏松多孔，需要进行后处理，制造成本高。

3）采用各种成分的金属粉末进行烧结，经渗铜等后处理特别适合制作功能测试零件，也可直接制造金属型腔的模具。采用蜡粉直接烧结适合于小批量比较复杂的中小型零件的熔模铸造生产。

14.2.3　光固化法（SLA）

1. SLA 的工艺原理

光固化法是目前最为成熟和广泛应用的一种快速成形制造工艺。这种工艺以液态光敏树脂为原材料，在计算机控制下的紫外激光按预定零件各分层截面的轮廓轨迹对液态树脂逐点扫描，使被扫描区的树脂薄层产生光聚合（固化）反应，从而形成零件的一个薄层截面。完成一个扫描区域的液态光敏树脂固化层后，升降台下降一个层厚，使固化好的树脂表面再敷上一层新的液态树脂，然后重复扫描、固化，新固化的一层牢固地粘接在上一层上，如此反复，直至完成整个零件的固化成形，其工艺原理及制品如图 14-5 所示。

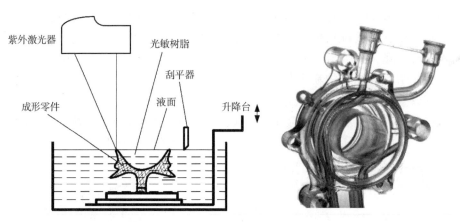

图 14-5 立体光固化成形法原理及制品

2. SLA 的工艺特点

1）SLA 工艺的优点是精度较高，一般尺寸精度可控制在 0.01mm，表面质量好，原材料利用率接近 100%，能制造形状特别复杂、精细的零件。

2）缺点是需要设计支撑，可以选择的材料种类有限，制件容易发生翘曲变形，材料价格较昂贵。

3）该工艺适合比较复杂的中小型零件的制作。

■14.2.4 分层实体制造法（LOM）

1. LOM 的工艺原理

LOM 工艺是将单面涂有热熔胶的纸片通过加热辊加热粘接在一起，位于上方的激光切割器按照 CAD 分层模型所获数据，用激光束将纸切割成所制零件的内外轮廓，然后新的一层纸再叠加在上面，通过热压装置和下面已切割层黏合在一起，激光束再次切割，如此反复逐层切割、黏合、切割，直至整个模型制作完成，其工艺原理及制品如图 14-6 所示。

2. LOM 的工艺特点

1）LOM 工艺的优点是无须设计和构建支撑，只需切割轮廓，无须填充扫描，制件的内应力和翘曲变形小，制造成本低。

2）LOM 工艺缺点是材料利用率低，种类有限，表面质量差，内部废料不易去除，后处理难度大。

3）LOM 工艺适合于制作大中型、形状简单的实体类原型件，特别适用于直接制作砂型铸造模。

■14.2.5 其他成形工艺

除以上四种方法外，其他许多快速成形方法也已经进入实用阶段，如三

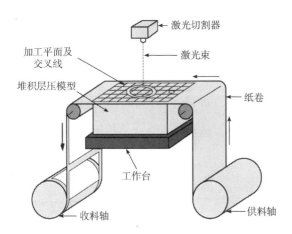
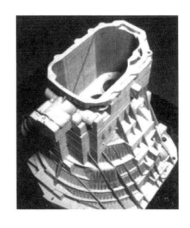

图 14-6 分层实体制造法原理及制品

维印刷法（3DP，Three Dimensional Printing）、实体自由成形（SDM，Solid Freeform Fabrication）、形状沉积制造（SDM，Shape Deposition Manufacturing）、实体磨削固化（SGC，Solid Ground Curing）、分割镶嵌（Tessellation）、数码累计成形（DBL，Digital Brick Laying）、三维焊接（3DW，Three Dimensional Welding）、直接壳法（DSPC，Direct Shell Production Casting）、直接金属成形（DMD，Direct Metal Deposition）等快速成形工艺方法。

14.3   项 目 实 训

本实训项目以北京太尔时代公司的 UP Plus2 款 3D 打印机为例来介绍相关操作。

14.3.1   实训设备介绍

太尔时代 UP Plus2 款 3D 打印机是 FDM 的一种，设计理念是简易、便携，只需要几个按键，即使从来没有使用过 3D 打印机，也可以很容易地制造出自己喜欢的模型。该机型的打印精度可达到 0.15mm，成形尺寸为 140mm × 140mm × 135mm，可制作体积较大并非常精致的作品。工作原理是首先将 ABS 或者 PLA 材料高温熔化挤出，并在成形后迅速凝固，因而打印出的模型结实耐用。

14.3.2   安全操作注意事项

1）勿使打印机接触到水源，否则可能会造成机器的损坏，严禁湿手操作打印机。

2）在加载模型时，请勿关闭电源或者拔出 USB 线，否则会导致模型数据丢失。

3）当打印机正在打印或打印刚完成时，禁止用手触摸模型、喷嘴、打印平台或机身其他部分。

4）工作过程中打印机出现异常时，应立即停止打印并告知指导教师，严禁不经允许擅自拆卸设备。

■ 14.3.3 准备工作

1. 打印材料的挤出

1）接通电源。

2）将打印材料插入送丝管。

3）启动 UP! 软件，在菜单的"维护"对话框内单击"挤出"按钮，如图 14-7 所示。

准备工作

4）喷嘴加热至 265℃后，打印机会蜂鸣，将丝材（ABS）插入喷头并轻微按住，直到喷头挤出细丝。

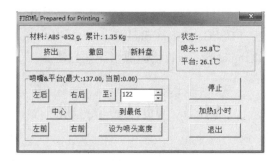

图 14-7　维护界面

2. 装打印平板

打印前，需将平台准备好，以保证模型稳固，不至于在打印过程中发生偏移。在打印平台下方有 8 个小型弹簧，将打印平板按照正确方向置于平台上，然后轻轻拨动弹簧，以便卡住打印平板，如图 14-8 所示。

图 14-8　拨动弹簧

■ 14.3.4　软件功能介绍

启动 UP！软件程序，进入软件界面，图 14-9 为软件启动界面的工具栏。

图 14-9　UP！软件工具栏

1. 工具栏

"文件"菜单包括下面快捷按钮中的"打开""保存""卸载"和"自动布局"，打印前需要导入待打印的 3D 模型，可以通过工具栏"文件/打开"选项导入，也可以直接通过下面快捷按钮"打开"进行导入。

如果需要把已经导入的 3D 模型删去，可先选中 3D 模型，再通过工具栏"文件/卸载"选项删除，也可直接通过下面快捷按钮"卸载"进行删除。

"自动布局"按钮是将 3D 模型放置在打印平台上，软件会自动调整模型在平台上的最优位置。如果模型与打印平台相隔太远，将会在模型与平台之间填充很厚的基底，不仅浪费材料，而且打印不牢靠，基底容易断裂。

2. 打印选项

"三维打印"菜单包含了"设置""校准喷头高度""打印""初始化"和"维护"等选项，单击"设置"选项后，会出现如图 14-10 所示的对话框。

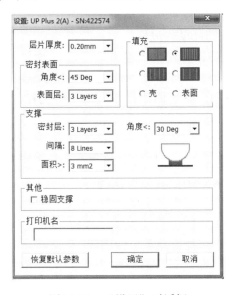

图 14-10　"设置"对话框

　　此对话框可设置层片厚度、密封表面、支撑和填充等参数或选项。其中"层片厚度"可设置打印层厚度，根据模型的不同，每层厚度设定在0.15~0.4mm。

　　"密封表面"选项的"表面层"参数将决定打印底层的层数。例如设置成"3"，机器在打印实体模型之前会打印3层。但这并不影响壁厚，所有的填充模式几乎是同一个厚度（接近1.5mm）。"角度"参数是决定在什么时候添加支撑结构，如果角度小，系统自动添加支撑。

　　"支撑"选项的"密封层"是为了避免模型主材料凹陷入支撑网格内，在贴近主材料被支撑的部分要做数层密封层，而具体层数可在"支撑密封层"选项内进行选择（可选范围为2~6，系统默认为3层）。支撑间隔取值越大，密封层数取值相应越大。"角度"是使用支撑材料时的角度，例如设置成10°，在表面和水平面的成形角度大于10°的时候，支撑材料才会被使用。如果设置成50°，在表面和水平面的成形角度大于50°的时候，支撑材料才会被使用。

　　"填充"部分为内部填充的细密程度，在制作不同模型时可自行选择，不过在制作工程部件时建议使用图14-11中左上角图片模式。

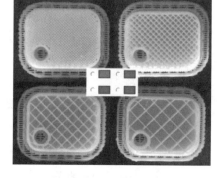

图14-11　填充模式

　　为了确保打印的模型与打印平台黏结正常，防止喷头与工作台碰撞对设备造成损害，需要在打印开始之前进行校准设置喷头高度。该高度以喷嘴距离打印平台0.2mm时喷头的高度为最佳。

　　在打印前需要初始化打印机。单击"三维打印"菜单下面的"初始化"选项，当打印机发出蜂鸣声，初始化开始。打印喷头和打印平台将返回到打印机的初始位置，当完成后将再次发出蜂鸣声。

　　3. 编辑菜单

　　"编辑"菜单包含下面快捷按钮中的"移动""旋转""缩放"等工具，通过这些工具可对导入的3D模型进行编辑。

　　通过编辑菜单或者工具栏可实现模型的旋转、移动和缩放等。

　　旋转模型：单击工具栏上的"旋转"按钮，在文本框中选择或者输入想要旋转的角度，然后再选择按照某个轴旋转。

　　缩放模型：单击"缩放"按钮，在工具栏中选择或者输入一个比例，然后再依次单击"缩放"按钮缩放模型。如果只想沿着一个方向缩放，只需选择这个方向轴即可。

▍14.3.5　3D 打印实操

1. 三维 CAD 模型设计

用 UG 软件进行三维模型设计，模型尺寸如图 14-12 所示。

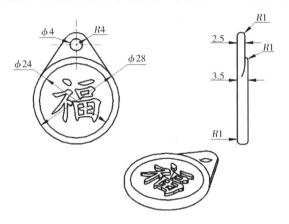

图 14-12　模型尺寸

操作步骤：

1）打开 UG_ NX10.0 三维绘图软件，在桌面上双击"NX10.0"图标即可打开软件。

2）单击左上角的"新建"按钮，出现对话框，如图 14-13 所示，修改文件名称和文件所放位置，然后单击"确定"按钮进入建模界面。

图 14-13　"新建"对话框

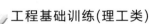
3）单击工具栏的"拉伸"按钮，进入"拉伸"对话框（图14-14），然后单击截面下方的"绘制截面"按钮，弹出"创建草图"对话框，对话框中"草图类型"选择在"在平面上"，"平面方法"选择"自动判断"，如图14-15所示，单击"确定"按钮进入草图绘制界面，如图14-16所示。

图 14-14　"拉伸"对话框

图 14-15　"创建草图"对话框

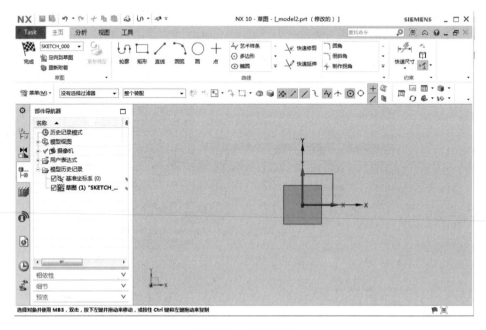

图 14-16　草图界面

4）单击工具栏"画圆"指令，利用圆心直径方式，以草图原点为圆心，画直径为 28mm 的圆，再在 28mm 圆的右上方画两个同心圆，直径分别为 8mm 和 4mm，如图 14-17 所示。

5）利用"几何约束"指令中的"相切"指令，将直径为 8mm 的圆和直径为 28mm 的圆约束为相外切，如图 14-18 所示。

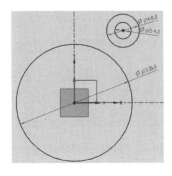

图 14-17　画图

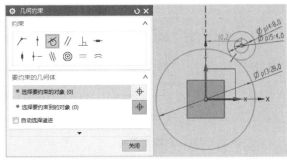

图 14-18　相切

6）利用"几何约束"指令中的"点在曲线上"指令，将两同心圆的圆心约束到 Y 轴上，如图 14-19 所示。

7）利用"直线"指令，在圆的两侧各画一条直线，如图 14-20 所示。

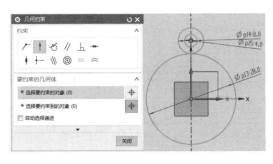

图 14-19　点在曲线上

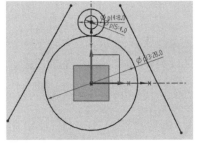

图 14-20　两条直线

8）利用"几何约束"指令中的"相切"指令，将两条直线分别约束成和直径 8mm、28mm 的圆相切，如图 14-21 所示。

9）利用"快速修剪"指令，将图形编辑成所要的截面形状，如图 14-22 所示。

10）单击"完成"指令，返回到"拉伸"对话框，将限制中开始下方的距离改为 0，结束下方的距离改为 2.5mm，单击"确定"按钮，完成底座的绘制，如图 14-23 所示。

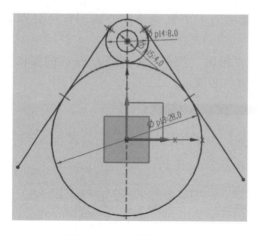

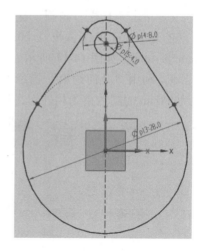

图 14-21   直线与圆相切   图 14-22   修剪后的截面轮廓

11）单击"拉伸"按钮，进入"拉伸"对话框，单击截面下方的"绘制截面"按钮，弹出"创建草图"对话框，草图类型选择"在平面上"，草图平面选择"现有平面"，如图 14-24 所示，然后选择模型上表面，单击"确定"按钮进入草图绘制界面。

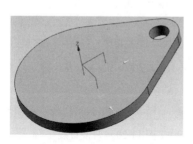

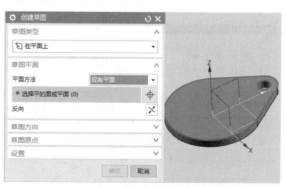

图 14-23   拉伸模型   图 14-24   "创建草图"对话框

12）用"画圆"指令，利用圆心直径方式，以草图原点为圆心，分别画直径为 28mm 和 24mm 的圆（图 14-25），然后完成草图的绘制。将"拉伸"对话框中限制下方的结束距离改为 1mm，单击"确定"按钮完成圆环的绘图，如图 14-26 所示。

13）用工具栏的"边倒圆"指令给各边倒圆角，将"半径 1"中的数值改为 1，如图 14-27 所示。按回车键，选择要进行边倒圆的各边，单击"确定"按钮即完成了边倒圆操作，如图 14-28 所示。

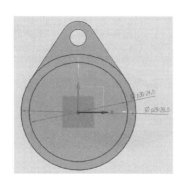

图 14-25　直径为 24mm 和 28mm 的圆

图 14-26　绘制完圆环后的模型

图 14-27　"边倒圆"对话框

图 14-28　半圆环做出边倒圆的结果

14）选择"曲线"菜单栏下的"文本"指令，在弹出的"文本"对话框中将类型改为"平面的"，在文本属性中输入所要写的字（例如：福），线型中选择"楷体"，字型选择为"粗体"或"粗斜体"，锚点位置选择为"中心"，如图 14-29 所示。然后选择半圆环底边的圆边线，选择完单击"确定"按钮，如图 14-30 所示。

图 14-29　"文本"对话框设置

图 14-30　文本放置

15) 选中"部件导航器"中的文本，然后单击"拉伸"指令，将文本拉伸为实体，拉伸高度为 1mm，即完成了挂饰三维图，如图 14-31 所示。

16) 单击"保存"按钮即可保存图形。

图 14-31　完成模型图

2. 格式转化

利用 UG_ NX10.0 画出的图形不能直接打印，需要将图形转化为 STL 格式。在 UG_ NX10.0 中将文件转化为 STL 格式。

1) 在"文件"下拉菜单中找到"导出"，在导出下拉子菜单中单击 STL。

2) 进入"快速成形"对话框，将三角公差改为"0.08mm"，相邻公差改为"0.08mm"，单击"确定"按钮。

3) 在"导出快速成形文件"对话框中，选择桌面（即将导出的 STL 格式文件保存在桌面），然后输入文件名，单击"OK"按钮。

4) 输入文件头信息后单击"确定"按钮。

5) 选择快速成形的体，用鼠标左键选中所画的实体，单击"确定"按钮一直到最后，文件即被转化完成。

3. 模型打印

1) 打开打印机电源，双击计算机桌面上的 UP! 软件图标，将软件打开。

2) 选择"三维打印"中的"初始化"选项，初始化打印机，当打印机指示灯变绿时，初始化完成。

3) 载入模型：选择工具栏的"打开"快捷按钮，打开所要打印的模型文件。

4) 模型调整：通过缩放和旋转按钮，将模型调整至合适大小和位置后，单击工具栏的"自动布局"按钮，将模型放置在平台的中央。

5) 打印参数设置：单击菜单栏的"打印"按钮，在弹出的"打印"对话框中单击右上角的"选项"按钮，进入"打印机设置"对话框，根据实际情况设定相关参数，然后单击"确定"按钮，开始打印。

4. 移除模型

1) 当模型完成打印时，打印机会发出蜂鸣声，喷嘴和打印平台会停止加热。

移除模型

2) 拧下平台底部右下角的 4 个弹簧，将打印平板从平台上撤下来。

3) 用铲刀将模型从打印平板上铲下来，切记在铲模型时要佩戴手套，以防铲伤手。

　　4）移除支撑材料。

 **思考题**

　　1. 试述快速成形技术的基本原理。

　　2. 简述熔融沉积成形（FDM）的工作原理。

　　3. 快速成形技术的主要特点是什么？有哪些常用的快速成形方法？

　　4. 快速成形技术与传统加工方法相比有何不同？

　　5. 试分析影响熔融沉积成形（FDM）工艺的因素。

　　6. 简述快速成形的工艺过程。

　　7. 试举例说明快速成形技术的应用。

第 *15* 章

数 控 加 工

■ 教学重点与难点

- 数控加工的特点
- 数控机床的结构
- 数控刀具及切削用量的选择
- 数控编程基本指令
- 工件工艺分析及程序编辑
- 数控机床对刀及其他操作

15.1 概　　述

　　数控加工是指利用数字化信息对机械运动及加工过程进行控制的一种加工方法，它可以解决普通加工方法难以解决的问题，如加工复杂型面及一些无法观测的加工部位，并且加工精度高，速度快。数控机床是数字控制机床（Computer Numerical Control Machine Tools）的简称，是一种装有程序控制系统的自动化机床。该控制系统能够逻辑处理具有控制编码或其他符号指令规定的程序，并将其译码，用代码化的数字表示，通过信息载体输入数控装置，经运算处理由数控装置发出各种控制信号，控制机床的动作，按图样要求的形状和尺寸，自动地将零件加工出来。

　　数控机床是在普通机床的基础上发展起来的，两者的加工工艺基本相同，结构也有很多相似的地方，但数控机床是靠程序控制的自动加工机床，因此，其结构与普通机床也有着很多不同的地方。本章以数控车削和数控铣削为对象展开介绍。

■ 15.1.1　数控车床的特点

　　数控车床与普通车床相比，具有以下四方面的特点，其加工件如图 15-1

所示。

1）高难度加工。对于在普通车床上无法加工的非圆曲线及流线轮廓，数控车床能轻而易举地解决。

2）高精度加工。对于尺寸精度要求达到 0.01mm，表面粗糙度要求较高的工件，普通车床很难达到要求，而数控车床则能很好地解决此类问题。

3）高效率加工。在数控车床上能全自动地实现零件的多工序加工。

4）低劳动强度。除装卸零件、操作键盘和观察机床运行外，其他的机床动作都是按加工程序要求自动连续地进行车削加工，操作者不需进行繁重的重复手工操作，这样既减轻了工人的劳动强度，又改善了劳动条件。

图 15-1　数控车床加工件

■ 15.1.2　数控铣床的特点

数控铣床与普通铣床相比，具有以下三方面的特点，其加工件如图 15-2 所示。

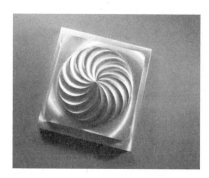

图 15-2　数控铣床加工件

1）用数控铣床加工零件，精度很稳定。如果忽略刀具的磨损，用同一程序加工出的零件具有相同的精度。

2）数控铣床尤其适合加工形状比较复杂的零件，如各种模具等。

3）数控铣床自动化程度很高，生产率高，适合加工批量较大的零件。

15.2 常用材料、工具与设备

■ 15.2.1 卧式数控车床

1. 数控车床的组成

数控车床主要由数控程序、存储介质、输入/输出装置、计算机数控装置、伺服系统和机床本体几部分组成，如图 15-3 所示，卧式数控车床实物图如图 15-4 所示。

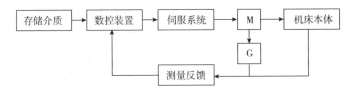

图 15-3　数控车床的组成

图 15-4　卧式数控车床

（1）数控程序及存储介质

数控程序是数控切削的基础，它包含了零件的加工顺序、刀具运动轨迹的坐标尺寸数据、工艺参数（主轴运动、进给速度、进给量等）及辅助操作（换刀、切削液开关、工件夹紧松开）等加工信息，而这些信息就存储在数控机床的纸带、磁带或磁盘上的存储介质中。

（2）输入/输出装置

数控程序包含的加工信息需要通过数控机床中的输入装置输送给数控系统，而机床存储中的加工程序也可以通过数控机床中的输出装置输出到机床的存储介质中，这些操作的完成都是经过数控机床中的输入/输出装置来实现的。常见的输入/输出装置有纸带阅读机、软盘驱动器、RS232 串行通信口等。

（3）计算机数控装置

计算机数控装置是数控机床的核心部位，也是数控机床区别于普通机床的重要体现，它控制着数控机床整个系统的运行、信息显示以及操作管理。计算机数控装置由中央类存储器、输入/输出接口、位置控制单元等组成。

（4）伺服系统

数控车床的进给传动由伺服系统来控制，它由位置控制、速度控制、伺服电动机、检测部件及机械传统机构五大部分组成。伺服系统主要有开环进给伺服系统、半闭环进给伺服系统及闭环进给伺服系统三大类，同类数控车床可能采用的伺服系统也不同。

（5）机床本体

机床本体是数控切削的机械承载部分，主要包括主运动部件、进给运动部件（工作台、刀架等）、支撑部件（床身、立柱等）、装夹部件和辅助部件（冷却、润滑装置）等。

2. 数控车床的适用范围

数控车床具有广阔的适用面，具体主要应用于加工以下类型的零件：

1）形状复杂，加工精度要求高，普通机床无法加工或可加工但经济性差的零件。

2）加工轮廓较复杂，但要求同批产品一致性较高的，或要求一次性装夹后完成多工序加工的零件。

3）用普通机床加工时，需要复杂工装保证的或检测部位多、检测费用高的零件。

4）用普通机床加工时，需要做反复调整，或需要反复修改设计参数后才能定型的零件。

5）用普通机床加工时，加工结果极易受到人为因素（心理、生理及技能等）影响的大型或贵重的零件。

6）用普通机床加工生产效率很低或劳动强度很大的零件。

3. 不适合采用数控加工的范围

不适合采用数控加工的范围如下：

1）加工轮廓简单、精度要求低或生产批量又特别大的零件。

2）装夹困难或必须靠人工找正定位才能保证其加工精度的单件零件。

3）加工余量特别大或材质及余量都不均匀的坯件。

4）加工时，刀具的质量（主要是寿命）特别差。

15.2.2 立式数控铣床

数控铣床一般由数控系统、主传动系统、进给伺服系统、冷却润滑系统等几大部分组成，而立式数控铣床在数量上一直占据数控铣床的大多数，应用范围也最广。从机床数控系统控制的坐标数量来看，目前 3 坐标数控立式铣床占大多数，一般可进行 3 坐标联动加工，但也有部分机床只能进行 3 个坐标中的任意两个坐标联动加工（常称为 2.5 坐标加工）。此外，还有机床主轴可以绕 X、Y、Z 坐标轴中的其中一个或两个轴做数控摆角运动的 4 坐标和 5 坐标数控立式铣床。立式数控铣床实物图如图 15-5 所示。

图 15-5　立式数控铣床

数控铣床主要分为主轴箱、进给伺服系统、控制系统、辅助装置、基础件几部分。

1）主轴箱：主轴箱包括主轴箱体和主轴传动系统，用于装夹刀具并带动刀具旋转，主轴转速范围和输出转矩对加工有直接的影响。

2）进给伺服系统：进给伺服系统由进给电动机和进给执行机构组成，按照程序设定的进给速度实现刀具和工件之间的相对运动，包括直线进给运动和旋转运动。

3）控制系统：控制系统是数控铣床运动控制的中心，执行数控加工程序，控制机床进行加工。

4）辅助装置：如液压、气动、润滑、冷却系统和排屑、防护等装置。

5）基础件：通常是指底座、立柱、横梁等，它们是整个机床的基础和框架。

▌15.2.3　数控切削刀具

数控机床所用刀具与普通机床所用刀具的材料和形式大体相同，但也融入了一些数控切削的特性，如图 15-6 和图 15-7 所示，分别为数控车床和数控铣床的刀具，其在切削部分的几何参数及刀具的形状上都进行了特别的处理，以使切削的产品质量及生产率可以得到很大的提高。

（a）数控车刀

（b）刀片

图 15-6　数控车床切削刀具

1. 数控切削对刀具的要求

数控切削的特殊性决定了数控机床所用刀具在满足普通机床刀具性能的基础上，还应具有以下几个方面的性能：

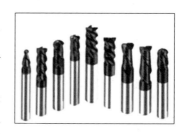

图 15-7　数控铣床切削刀具

1）高强度：数控切削在粗加工时往往采用大的切削深度和快速的进给方式来提高加工效率，所以要求车刀的强度很高，否则容易弹刀。另外，用于加工较深内孔的刀具还应具有良好的抗振性能。

2）高精度：数控切削经常要加工精度非常高的工件，如尺寸精度要求达到 0.01mm 的工件，因此刀具及其附件均应具有很高的精度。

3）寿命长：数控切削的最大特点是程序设计完毕后能用于批量零件的加工，且整个批量零件的尺寸统一，这是与普通机床切削最大的区别。所以要求刀具磨损小、寿命长，尽量不要在加工同批量零件时换刀或修磨。

4）断屑和排屑性能好：由于数控车削具有较高的切削速度和进给速度，产生的切削力也比普通机床大，所以要求刀具能在适应高切削速度的同时还应具备较好的排屑性能。否则快速产生的切屑无法顺利排除，缠绕在刀头、刀杆或工件上，既可能损坏刀具，还可能划伤已经加工好的零件表面，甚至发生伤人事故。

2. 常用的刀具材料

数控机床的刀具材料往往是指刀具切削部分的材料，即可以更换的刀片材料。刀具材料应具有较高的硬度、强度、耐热性、耐磨性、导热性及良好的经济性。目前采用较多的刀具材料有以下几种：

1）高速钢：普通机床刀具材料较多采用通用型高速钢，而数控机床车刀材料采用的是高性能高速钢，其寿命是通用型的 10 倍左右。主要牌号有 W18Gr4V、W6Mo5Gr4V2 等。

2）硬质合金：硬质合金刀具材料比高速钢刀具材料的寿命要长，因此价格也稍贵些。硬质合金广泛用于加工铸铁和有色金属零件，常用的牌号有 YG 类、YT 类、YW 类。

3）涂层刀具：涂层刀具是指在高速钢或硬质合金刀具的表面涂上一层特殊的材料，使其寿命得到大大的提高。高速钢涂层刀具的寿命可以提高 2 ~ 10 倍，硬质合金涂层刀具的寿命可以提高 1 ~ 3 倍。

4）非金属材料刀具：这是刀具材料新的研究方向，目前比较成熟的非金属刀具材料有陶瓷、金刚石及立方氮化硼。

15.2.4　车削用量的选择

在数控车削中车削用量的选择是非常关键的一环，它包括对切削深度、进给速度及主轴转速三个方面的选择。三者之间任意一个参数的变化都将影响其他两个参数，只有在三者之间形成协调的切削参数，才能发挥出数控车床的优势。

（1）切削深度的选择

切削深度又叫背吃刀量，是指每次切削时在 X 方向上的吃刀量。其选择受数控车床系统、夹具、刀具、零件刚度及零件材料的影响。粗车时，在整个数控车床系统刚性允许的情况下尽可能选择较大的切削深度，以减少走刀数，提高生产效率，常用的粗加工切削深度为 0.5 ~ 4mm，而对精度要求高的零件应考虑留出精车余量，数控车床切削的精度余量比普通车床切削的余量小，一般取 0.2 ~ 0.5mm。

（2）进给速度的选择

进给速度 F（mm/min）要根据零件的加工精度、表面粗糙度、刀具和工件材料来选择。最大进给速度受机床刚度和进给驱动及数控系统的限制，它有两种度量方式：一种是以主轴每转一圈的刀具进给量来度量，即"mm/r"；另一种是以每分钟刀具进给量来度量，即"mm/min"。

（3）主轴转速的选择

主轴转速 S（r/min）往往通过切削速度"v"（m/min）来表达，因为主轴转速受到加工零件直径的影响，直径越大，线速度越高，因此，在加工直径较大的零件时，主轴转速应调低。切削速度"v"是指刀具在工件圆周上运动的速度，主轴转速 S 与切削速度"v"可用以下公式来计算：

$$S = v_c \times 1000/(\pi D)$$

式中　S——主轴转速，r/min；

　　　v_c——切削速度，m/min；

　　　D——待加工零件的直径，mm。

▎15.2.5　坐标系

1. 机床坐标系

机床坐标系是机床固有的坐标系，机床坐标系的原点称为机床的原点或机床零点。机床经过设计、制造和调整后，这个原点便被确定下来，它是固有的点。

数控装置上电时并不知道机床零点，为了正确地在机床工作时建立机床坐标系，通常在每个坐标轴的移动范围内设置一个机床参考点（测量起点），机床启动时，通常要进行机动或手动回参考点，以建立机床坐标系。

机床参考点可以与机床零点重合，也可以不重合，通过参数指定机床参考点到机床零点的距离。机床回到了参考点位置也就知道了该坐标轴的零点位置，找到了所有坐标轴的机床坐标系，如图 15-8 所示。

2. 工件坐标系

工件坐标系是编程人员在编程时使用的，编程人员选择工件上的某一已知点为原点（也称程序原点），建立一个新的坐标系，称为工件坐标系。工件坐标系一旦建立便一直有效，直到被新的工件坐标系所取代。

程序原点选择要尽量满足编程简单、尺寸换算少、引起的加工误差小等条件，一般情况下，程序原点应选在尺寸标注的基准或定位基准上。对车床编程而言，程序原点一般选在工件轴线与工件的前端面、卡爪前端面的交点上，如图 15-9 所示。

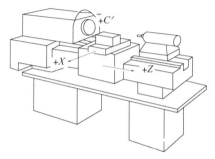

图 15-8　数控车床坐标系

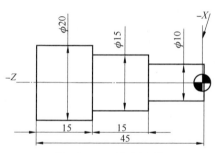

图 15-9　工件坐标系

3. 对刀

所谓对刀，就是用刀具试切工件端面和工件外圆表面的办法，确定程序原点在机床参考坐标系中的位置。因此，对刀操作前应该先完成切刀回机床参考点的操作，如图 15-10 所示。

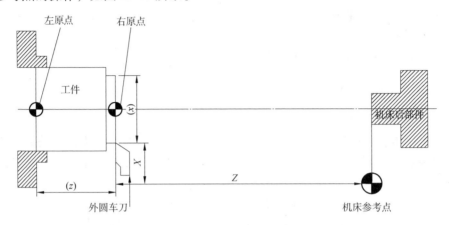

图 15-10 对刀示意图

1）刀具回零：单击机床系统面板【回零】键，单击【＋x】键，单击【＋z】键，刀具回到机床零点。

2）试切工件外径：单击【手动】键，把刀具移到工件外端面，用手动方式试切工件外圆，沿 Z 轴正方向退出工件，单击【主轴停止】键，用游标卡尺测量切削后的外圆，把参数输入刀偏表 T0101 直径栏下，X 方向零点设置完成。

3）试切工件端面：单击【手动】键，把刀具移到工件外端面，用手动方式试切工件端面，沿 X 轴正方向退出工件，单击【主轴停止】键，确定所切端面与工件零点之间的长度，把参数输入刀偏表 T0101 长度栏下，Z 方向零点设置完成。

4）如要设置多把刀具，应将所有刀具重复以上步骤。

■ 15.2.6 数控加工工艺

在进行数控加工前首先要进行工艺分析，并制定合理的加工工艺。好的数控切削加工工艺能发挥机床的最大加工效率，提升零件的加工精度。数控切削加工工艺包括零件图分析、数学处理、切削顺序安排、编制加工程序、程序检验、切削加工及工件检查几方面。

与其他金属切削加工一样，在对工件进行数控切削前应充分对所要切削加工的零件图样进行分析审核，包括对工件轮廓的几何条件、尺寸、几何公差要求、表面粗糙度要求及工件材料等的审核。由这些参数综合分析零件是否适应数控切削加工，图样标注尺寸是否符合数控切削加工路线的确定、是否便于编程等。

（1）数学处理

传统的图样标注尺寸一般不能直接用于数控切削程序的编程，一般都要进行数学处理，使其符合程序编制的习惯。在编制程序前需要进行数学处理，方便程序编程。

常见零件切削顺序的安排步骤：

1）粗加工：目的是粗切除毛坯工件上的大部分多余金属材料，可以采用大的切削深度和切削速度，使毛坯工件在形状和尺寸上快速接近成品零件。

2）半精加工：任务是进一步切削粗加工后的金属材料残余较多的部位，以使整个残余材料更均匀，为精加工做准备。

3）精加工：任务是切除工件上的所有残余材料，使工件达到零件设计尺寸要求和表面粗糙度要求。

4）先近后远：数控切削的零件一般都有多个台阶面，一般安排离刀具起点近的台阶面先车削，离刀具起点远的台阶面后车削，目的是缩短刀具移动的距离，减少空走刀次数，提高加工效率。反之，增加了空走刀距离，导致加工效率降低，同时也增加了机床的导轨磨损。

5）先内后外：在车削内孔和外圆表面都需要加工的零件时，应先安排进行内孔的加工，这样容易控制表面的尺寸精度。

（2）编制加工程序

数控车削程序编制可以采用手工编程或计算机自动编程两种方法。

（3）程序检验

编制完成的数控车削程序一定要经过检验才能应用于正式车削加工。采用计算机自动编程时，可以利用软件提供的实体加工模拟功能进行模拟，也可以采用机床空运行的方法检验实际加工情况，验证加工过程是否有碰撞，确保程序无误，必要时可以用蜡料进行试车削。手工编程时可用仿真软件进行模拟检验，在机床加工零件时可进行程序检验和图形检验，确保程序正确无误。

（4）车削加工

车削加工前要正确安装工件，按程序中的要求正确装刀，完成刀具的回零、对刀等操作步骤。在加工开始前，将控制面板上的快进倍率旋钮及进给倍率旋钮调整到较小位置来观察加工情况，车削稳定后逐渐增大快进及进给倍率，确认无误后调至正常状态。

（5）工件检查

车削工件的检查包括尺寸精度、几何公差、表面粗糙度等方面的检查，

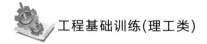

有配合间隙要求的工件还应对配合间隙进行检验。

15.3 基 本 操 作

数控程序的编制是数控加工的基础，好的数控程序能使机床的加工效率得到最大限度的发挥，因此在进行数控编程前有必要先了解数控编程的基本知识。

数控编程是将加工零件的加工顺序、工件与刀具相对运动轨迹的尺寸数据、工艺参数（主运动、进给运动、进给量等）以及辅助操作（换刀、切削液开关、工件夹紧松开）等加工信息，用规定的文字、数字及符号等组成的代码，按一定格式编写成程序的过程。

■ 15.3.1 HNC/21T/22T 数控系统编程指令

华中世纪星数控车编程系统是一款国产的数控系统，拥有出色的编程加工能力和良好的性价比，在数控加工领域拥有较大的用户使用群，下面就其经常使用的指令代码 G 代码和 M 代码做详细介绍。

1. 快速定位指令 G00

格式：G00　X_____　Z_____

快速定位指令 G00 用于使用刀具从当前位置快速移到指定的目标位置，其后面的 X、Z 坐标值为目标点的坐标值，此时的刀具一般处于非加工状态，移动速度不需要指定，而是由所使用的机床决定，可以在机床使用书中查到。

如图 15-11 所示，刀具快速从起刀点 S 移动到切削点 A，则快速定位指令为：G00　X60　Z2，刀具 $F=80\text{mm/min}$；从起刀点 S 移动到切削点 B，则直线插补指令为：G01　X60　Z2，提示：起刀点即是坐标系设定指令 G92 指定点，起刀点是刀具正式切削工件材料前与工件端面有一定距离的点，此点与工件端面的距离一般为 $1\sim2\text{mm}$，这样安排的目的是防止刀具在快速移动（G00）的情况下与工件端面发生接触，即留出正式切削工件材料前的缓冲间隙。

2. 直线插补指令 G01

格式：G01　X_____　Z_____　F_____

直线插补指令 G01 用于使刀具按指定的进给速度从当前位置移动到指定的目标位置，其后的 X、Z 坐标值为目标点的坐标值，此时的刀具一般处于加工状态，需要指定移动速度"F"。如：F80，表示车刀以 80mm/min 移动。

3. 圆弧插补指令 G02、G03

格式：G02　X_____　Z_____　R_____　F_____

　　　　G03　X_____　Z_____　R_____　F_____

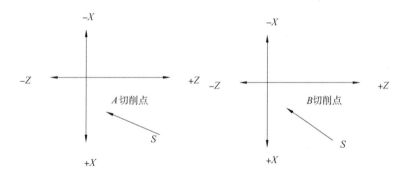

图 15-11　G00 指令

圆弧插补指令使刀具在指定的平面内按给定的速度做圆弧运动，切削出圆弧轮廓。

1）G02 为顺圆弧插补指令，G03 为逆圆弧插补指令。

2）X、Z 的坐标值为圆弧终点坐标值。

3）顺圆弧、逆圆弧的判定与机床刀架的安装方位有关，如图 15-12 所示。当刀架采用后置时，沿进给方向看去，顺时针方向的圆弧采用顺圆弧插补指令 G02，逆时针方向的圆弧采用逆圆弧插补指令 G03；当刀架采用前置式时，沿进给方向看去，顺时针方向的圆弧采用逆圆弧插补指令 G03，逆时针方向的圆弧采用顺圆弧插补指令 G02。

4）每分钟进给单位指令 G94 表示程序段中的进给速度是以每分钟刀具进给多少来度量的，即"mm/min，"也是系统默认采用的进给单位指令，F 后面的数字是每分钟刀具进给量。

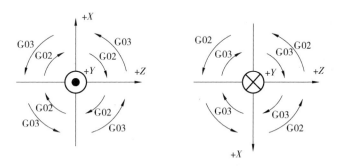

图 15-12　顺、逆圆弧判定

5）每转进给单位指令 G95 表示程序段中的进给速度是以主轴每转一圈时刀具进给多少来度量的，即"mm/r"，它不是系统默认采用的进给单位指令，在程序中需要书写。

4. 数控编程常用辅助功能（M 功能）

在数控程序中仅有准备功能还不够，还需要一些辅助功能来配合，才能控制机床正确、合理地按用户所编程序进行加工，下面就对常用的辅助功能加以介绍。

（1）加工暂停指令 M00

程序执行完含有加工暂停指令"M00"的程序段后，机床的主轴转动、进给、切削液都将暂停，以便进行某一手动操作，如换刀、工件调头、测量尺寸等，待重新启动机床后，才会继续执行后面的程序。

（2）程序结束指令 M02、M30

数控编程中辅助功能的程序结束指令包括以下两种指令：

1）M02——

该指令常在程序的最后一行，表示执行完程序内的所有指令，机床主轴停止，进给停止，切削液关闭，机床处于复位状态。

2）M30——

使用该指令作为程序结束指令时，除了包括 M02 程序结束指令的内容外，还返回到程序的第一条语句，准备下一个工件的加工。

5. 主轴转动、停止指令 M03、M04、M05

数控编程中辅助功能的主轴转动、停止指令包括以下三种指令：

（1）M03——主轴正转

程序遇到该指令时，机床主轴以顺时针方向旋转。

（2）M04——主轴反转

程序遇到该指令时，机床主轴以逆时针方向旋转。

（3）M05——主轴停止

程序遇到该指令时，机床主轴停止转动。

6. 切削液指令 M07、M09

数控编程中辅助功能的切削液指令包括以下两种指令：

（1）M07——开切削液

程序遇到该指令时，启动机床切削液的冷却功能。

（2）M09——关切削液

程序遇到该指令时，关闭机床切削液的冷却功能。

■ 15.3.2 程序编辑

（1）程序名

每个程序都需要有一个程序名，程序名由程序号地址码和程序编号组成，如 O0001。

程序号地址码与用户所使用的数控系统相对应，不同的数控系统采用不同的程序号地址码（通常为 O、P、% 等），自动编程时系统会自动给出程序号地址码。手动编程时，则要查阅机床编程手册，根据规定去指定，否则，系统不会执行程序，而程序编号则可由用户自定。

（2）程序段

程序段可分为地址格式、分隔顺序格式、固定程序段格式和可变程序段格式，其中最常用的是可变程序段格式，即程序的长短、字数和字长均可变。程序段由程序段序号、地址、数字等组成，如程序段：N10 G01　X60　Z-55　F100。

程序名和若干个程序段组成了一个完整的程序。

（3）选择编程方法

选择合理的编程方式可使编程简化。当图样尺寸由一个固定基准给定时，采用绝对编程较为方便；而当图样尺寸是以轮廓顶点之间的间距给出时，采用增量编程较为方便。一般不推荐采用完全增量编程，如图 15-13 和表 15-1 所示。

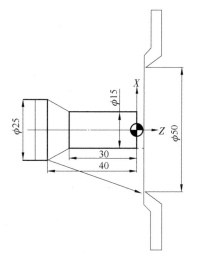

图 15-13　G90/G91 编程

表 15-1　编程方法

绝对编程	增量编程	混合编程
%0001	%0001	%0001
N1　T0101	N1　T0101	N1　T0101
N2　M03　S460	N2　G91　M03　S460	N2　M03　S460
N3　G00　X50　Z2	N3　G01　X-35　（Z0）	N3　G00　X50　Z2
N4　G01　X15　（Z2）　F80	N4　（X0）　Z-32	N4　G01　X15　（Z2）　F80
N5　（X15）　Z-30	N5　X10　Z-10	N5　Z-30
N6　X25　Z-40	N6　X25　Z42	N6　U10　Z-40
N7　X50　Z2	N7　M30	N7　X50　W42
N8　M30		N8　M30

15.3.3　模拟仿真

1）新建程序操作示意如图 15-14 所示。

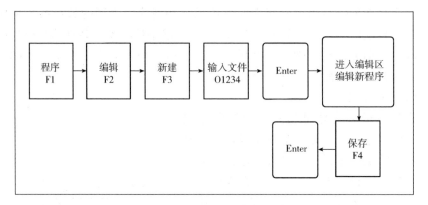

图 15-14　新建程序

2）装夹工件、装夹刀具操作示意如图 15-15 所示。

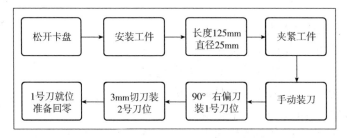

图 15-15　装夹工件、装夹刀具

3）回零操作步骤如图 15-16 所示。

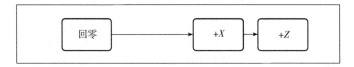

图 15-16　回零

4）手动换刀操作步骤如图 15-17 所示。

图 15-17　手动换刀

5）对刀的操作步骤如图 15-18 所示。

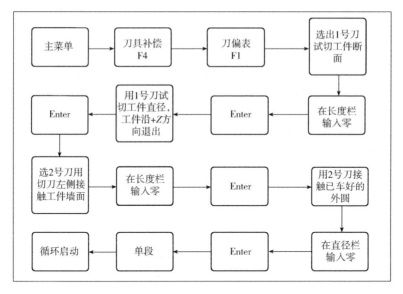

图 15-18　对刀

15.4　项目实训

▐ 15.4.1　实训内容及要求

1）了解数控车床和铣床的概念、特点和加工范围。

2）了解机床坐标系和工件坐标系的作用和相互关系。

3）能正确选用和安装刀具。

4）正确使用模拟仿真软件，熟悉操作面板，正确使用工具，掌握工件的装夹、刀具的安装、刀具的回零及对刀操作（注：重点掌握对刀的操作方法）。能调用刀偏表并正确输入尺寸，直至加工出合格产品。

5）在熟悉操作界面、正确使用工具的前提下，学生能独立使用计算机进行程序的新建、编辑、保存，正确理解每段程序的含义并对其逐一解答。

6）数控车床和铣床的实际操作，从模拟到实操进入真实场景，了解局域网的组成和网络数控机床功能，在机床上独立完成联网检索、装料、装刀、回零、对刀、程序检验和图形检验并独立操作机床，直至加工出合格的产品。

▐ 15.4.2　数控车床加工

零件如图 15-19 所示，数控车床系统为华中世纪星数控车编程系统。

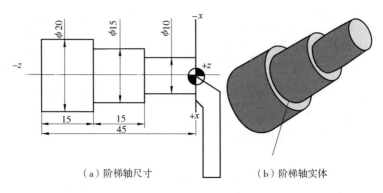

（a）阶梯轴尺寸　　　　　　　　（b）阶梯轴实体

图 15-19　数控车零件

编写程序如下：

O + 学号尾 4 位数 + (学生姓名)	（程序名）
N1 T0101	（设立坐标系，选 1 号刀）
N2 M03 S600	（主轴以 600 r/min 正转）
N3 G00 X50 Z60	（确定换刀点位置）
N4 G00 X35 Z3	（移到起始点位置）
N5 G80 X20 Z0 F120	（外圆循环车工件端面 ¢20mm）
N6 G80 X15 Z0 F120	（外圆循环车工件端面 ¢15mm）
N7 G80 X0 Z0 F120	（外圆循环车工件端面到中心点）
N8 G00 X10	（刀具快速移到 ¢10mm 处）
N9 G01 Z-15 F120	（切削长度 15mm）
N10 G01 X15 F120	（移到 ¢15mm 处）
N11 G01 Z-30 F120	（切削长度 30mm）
N12 G01 X20 F120	（刀具移到 ¢20mm）
N13 G01 Z-48 F120	（切削长度 48mm）
N14 G00 X50	（刀具返回到 X 轴换刀点）
N15 Z60	（刀具返回到 Z 轴换刀点）
N16 T0202	（选 2 号刀，确定换刀点）
N17 G00 X35 Z-48	（确定切断起点）
N18 G01 X3 F120	（切削工件到 ¢3mm 处）
N19 G00 X50	（刀具返回到 X 轴换刀点）
N20 Z60	（刀具返回到 Z 轴换刀点）
N21 M05	（主轴停止转动）
N22 M30	（程序结束，并复位）

15.4.3　数控铣床加工

实训零件如图 15-20 所示，数控铣床系统为华中世纪星数控车编程系统。

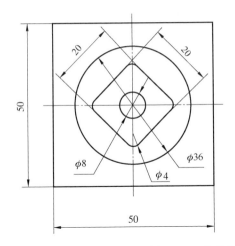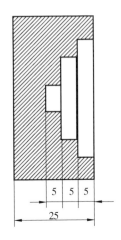

图 15-20　数控铣零件图

编写程序如下：

O+学号尾 4 位数+（学生姓名）	（程序名）
M03 S1000	（主轴正转,转速为1000r/min）
G90 G54 G00 X0 Y0	
G00 Z50	（快速定位到 Z50）
G98 G83 Z-15 R2 Q0.5 F50	（钻孔循环每次切深 0.5mm,总深度为15mm）
G80	（钻孔循环取消）
G00 Z5	（快速定位到 Z5）
G01 Z-5 F300	（以 300mm/min 的速度切深 5mm）
G01 G41 D01 X-18	（加刀具补偿直线插补到 X-18 Y0 处）
G03 I18	（加工直径为 36mm 的圆）
G01 G40 X0	（刀具补偿取消）
G01 Z-10	（再切深 5mm）
G01 G41 D01 X-14.142 Y0	（加刀具补偿）
G01 X0 Y14.142	
G01 X14.142 Y0	（加工 20mm×20mm 的方孔）
G01 X0 Y-14.142	
G01 X-14.142 Y0	
G01 G40 X0 Y0	（取消刀具补偿）
G00 Z50	（抬到高度 50mm 处）
M05	（主轴停转）
M30	（程序结束）

 **思考题**

1. 简述数控车床和数控铣床的相同点及不同点。

2. 数控切削时如何选择刀具?

3. 数控机床机械坐标系和工件坐标系有什么区别?

4. 简述数控代码 G01 和 G02 指令的含义并举例说明。

5. 完整的数控程序有哪几部分?

第 *16* 章

电火花数控线切割

■ 教学重点与难点

- 电火花线切割的加工原理
- 电参数的选择原则
- 编程方法与指令代码
- 补偿方向与补偿量的确定

16.1 概　述

电火花线切割加工（WEDM）是 20 世纪 50 年代在苏联发展起来的一种新的工艺形式，是用线状电极（铜丝或钼丝），靠火花放电对工件进行切割加工的。

电火花线切割加工作为一种特种加工技术，具有很强的使用价值，在众多的工业生产领域起到了重要作用，其工业手段在许多情况下是常规制造技术无法取代的。其中主要原因是电火花线切割加工方法可加工具有任何硬度的导电金属材料，且加工过程中不受宏观力的作用，从而可保证较好的加工精度与表面质量。

■ 16.1.1 电火花线切割基本原理

1. 加工原理

电火花线切割加工是利用移动的细金属导线（铜丝或钼丝）作为电极，对工件进行脉冲火花放电蚀除金属、切割成形，其加工原理如图 16-1 所示。

电火花加工时，脉冲电源的一极接工具电极，另一极接工件电极，两极均浸入具有一定绝缘度的液体介质（常用煤油或矿物油或去离子水）中。工具电极由自动进给调节装置控制，以保证工具与工件在正常加工时维持一个很小的放电间隙（0.01 ~ 0.05mm）。当脉冲电压加到两极之间，便将当时条件下极间最近点的液体介质击穿，形成放电通道。由于通道的截面面积很小，放电时间极短，致使能量高度集中，放电区域产生的瞬时高温足以使材料熔化甚至蒸发，以致形成一个小凹坑。第一次脉冲放电结束之后，经过很短的间隔时间，第二个脉冲又在另一极间最近点击穿放电。如此周而复始高频率地循环下去，工具电极不断地向工件进给，它的形状最终就复制在工件上，形成所需要的加工表面。与此同时，总能量的一小部分也释放到工具电极上，从而造成工具损耗。

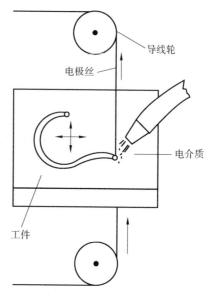

图 16-1　电火花线切割原理

2. 进行电火花加工必须具备的条件

1）必须采用脉冲电源。

2）必须采用自动进给调节装置，以保持工具电极与工件电极间微小的放电间隙。

3）火花放电必须在具有一定绝缘性能的液体介质中进行。

16.1.2　电火花线切割加工的特点及应用

1. 加工特点

1）电火花数控线切割加工能用来加工传统方法难以加工或无法加工的高硬度、高强度、高脆性、高韧性等导电材料及半导体材料。

2）由于电极丝细小，可以加工微细异形孔、窄缝和复杂形状零件。

3）工件被加工表面受热影响小，适合于加工热敏感性材料；同时，由于脉冲能量集中在很小的范围内，加工精度较高。

4）加工过程中，电极丝与工件不直接接触，无宏观切削力，有利于加工低刚度工件。

5）由于加工产生的切缝窄，实际金属蚀除量很少，材料利用率高。

6）直接利用电能进行加工，电参数容易调节，便于实现加工过程自动控制。

7）生产效率相对较低，电极丝有损耗，对工件的拐角最小半径有限制。

2. 应用范围

电火花线切割主要用于加工各种形状复杂和精密细小的工件，例如冲裁模的凸模、凹模、凸凹模、固定板、卸料板等，电火花成形加工用的金属电极，可加工各种微细孔槽、窄缝和复杂形状的零件；可用于各种导电材料，特别是稀有贵重金属的切割；各种特殊结构零件的切断等，因此被广泛应用于模具、工具、航空航天等制造加工领域。

16.1.3　电火花线切割常用的加工设备

电火花线切割设备通常分为两大类：一类是快速走丝电火花切割机床（WEDM – HS），这类机床的电极丝做高速往复运动，一般走丝速度为8～10 m/s，这是我国生产和使用的主要机种，如图 16-2a 所示；另一类是慢速走丝电火花线切割机床（WEDM—LS），这类机床的电极丝做低速单向运动，一般走丝速度低于 0.2m/s，这是国外生产和使用的主要机床，如图 16-2b 所示。

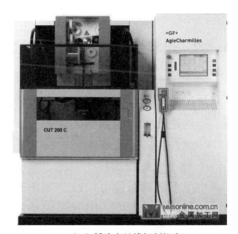

（a）高速走丝线切割机床　　　　　　　　（b）低速走丝线切割机床

图 16-2　电火花数控线切割机床

16.2　电火花线切割加工工艺

16.2.1　线切割加工工艺

电火花数控线切割加工，一般是作为工件尤其是模具加工中的最后工序。要达到加工零件的精度及表面粗糙度要求，应合理控制线切割加工时的各种工艺参数（电参数、切割速度、工件装夹等），同时应安排好零件的工艺路线及线切割加工前的准备工作，如图 16-3 所示。

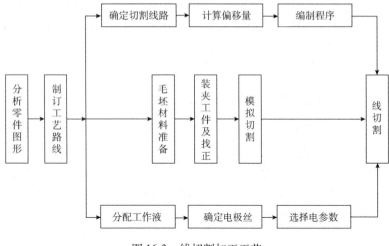

图 16-3　线切割加工工艺

16.2.2　电参数的选择及其对加工工艺指标的影响

1. 电参数的选择原则

对加工质量具有明显影响的电参数主要包括脉冲电流、脉冲宽度、脉冲间隔、运丝速度等，电参数的选择原则是：在保证表面质量、尺寸精度的前提下，尽量提高加工效率。

（1）脉冲电流的选择

减小单个脉冲能量可以改善表面粗糙度。决定单个脉冲能量的因素主要是脉冲电流和脉冲宽度。因此采用小的脉冲电流和脉冲宽度可获得良好的表面粗糙度，但是单个脉冲能量越小，切割速度越慢，如果脉冲电流太小，将不能产生放电火花，不能正常切割。

（2）脉冲宽度的选择

在特定的工艺条件下，脉冲宽度增加，切割速度提高，表面粗糙度值增大，这个趋势在脉冲宽度的初期，加工速度增大较快，但随着脉冲宽度的进一步增大，加工速度的增大相对平缓，表面粗糙度变化趋势也一样。这是因为单脉冲放电时间过长，会使局部温度升高，形成对侧边的加工量增大，热量散发快，因此减缓了加工速度。一般来讲，精加工时，脉冲宽度可在 $20\mu s$ 内选择；半精加工时，可在 $20\sim60\mu s$ 内选择。

（3）脉冲间隔的选择

在特定的工艺条件下，脉冲间隔减小，切割速度增大，表面粗糙度值增大不明显。脉冲间隔对加工速度影响较大，而对表面粗糙度影响较小。减小脉冲间隔可以提高加工速度，单位时间放电加工的次数越多，因而切割速度也越高。但是脉冲间隔不能太小，否则消电离不充分，电蚀产物来不及排除，将使加工变得不稳定，容易烧伤工件并断丝。脉冲间隔太大也会导致不能连续进给，使加工变得不稳定。一般脉冲间隔在 $10 \sim 250\mu s$ 范围内基本上能适应各种加工条件，进行稳定加工。

2. 电参数对加工工艺指标的影响规律

1）放电峰值电流增大，单个脉冲能量增多，工件放电痕迹增大，故切割速度迅速提高，表面粗糙度数值增大，电极丝损耗增大，加工精度有所下降。因此第一次切割加工及加工较厚工件时取较大的放电峰值电流。放电峰值电流不能无限制增大，当其达到一定临界值后，若再继续增大峰值电流，则加工的稳定性变差，加工速度明显下降，甚至断丝。

2）在其他条件不变的情况下，增大脉冲宽度，线切割加工的速度提高，表面粗糙度变差。这是因为当脉冲宽度增加时，单个脉冲放电能量增大，放电痕迹会变大。同时，随着脉冲宽度的增加，电极丝损耗也变大。因为脉冲宽度增加，正离子对电极丝的轰击加强，结果使得接负极的电极丝损耗变大。当脉冲宽度增大到一临界值后，线切割加工速度将随脉冲宽度的增大而明显减小。因为当脉冲宽度达到一临界值后，加工稳定性变差，从而影响了加工速度。

3）在其他条件不变的情况下，减小脉冲间隔，脉冲频率将提高，所以单位时间内放电次数增多，平均电流增大，从而提高了切割速度。脉冲间隔在电火花加工中的主要作用是消电离和恢复液体介质的绝缘。脉冲间隔不能过小，否则会影响电蚀产物的排出和火花通道的消电离，导致加工稳定性变差和加工速度降低，甚至断丝。当然，也不是说脉冲间隔越大，加工就越稳定。脉冲间隔过大会使加工速度明显降低，严重时不能连续进给，加工不稳定。

4）在电火花线切割加工中，其余参数不变的情况下，若脉冲间隔减小，电火花线切割工件的表面粗糙度数值稍有增大。这是因为一般电火花线切割加工用的电极丝直径都在 0.25mm 以下，放电面积很小，脉冲间隔的减小导致平均加工电流增大，由于面积效应的作用，致使加工表面粗糙度值增大。

5）当走丝速度较快、电极丝直径较大、工件较薄时，因排屑条件好，可以适当缩短脉冲间隔时间。反之，则可适当增大脉冲间隔。

16.3　编　程　方　法

■ 16.3.1　指令代码

1. 3B 格式简介

目前，我国的电火花线切割系统主要采用两种编程格式：一种是 3B 格式编制程序，另一种是 ISO 代码编制程序。我国早期生产的快走丝线切割机床的程序格式普遍采用 3B 指令格式，现在逐渐被 ISO 代码取代。

2. 3B 格式基本编程方法

3B 格式：BxByBJGZ，其中：

1）B——分隔符号，表示一段程序的开始，并用其将 x、y 和 J 分离，以便计算机识别。

2）x、y——直线或圆弧的相对坐标值。编程时均取绝对值，以 μm 为单位。

以直线的起点为原点，建立正常的直角坐标系，x、y 表示终点相对起点的坐标的绝对值。单位为 μm。对于平行于 x 轴或 y 轴的直线，即当 x 或 y 为零时，x 或 y 值均可不写，但分隔符号必须保留。以圆弧的圆心为原点，建立直角坐标系，x、y 表示圆弧的起点相对于圆心的坐标绝对值。

3）G——计数方向。分 Gx 与 Gy 两种，它确定在加工直线或圆弧时按哪一坐标轴方向取计数长度值。对于直线，其终点的坐标值在哪一方向的数值大，就取该坐标轴方向为计数方向，即 $|x| > |y|$ 时取 Gx，$|x| < |y|$ 时取 Gy，当 $|x| = |y|$ 时，第一、三象限直线取 Gy，第二、四象限直线取 Gx；圆弧的规定与直线相反，圆弧终点坐标中绝对值较小的坐标轴方向为计数方向。

4）J——计数长度，以 μm 为单位，且取绝对值。其确定方法为：当加工直线时，J 值为该直线在计数方向上的投影长度。J 的取值方法为：由计数方向 G 确定投射方向，若 G = Gx，则将直线向 x 轴投影得到长度的绝对值，即为 J 的值。若 G = Gy，则将直线向 y 轴投影得到长度的绝对值即为 J 的值；加工圆弧时，J 值为各段圆弧（按象限划分）在计数方向上的投影长度之和。

5）Z——加工指令，是用来表达被加工图形的形状、所在象限和加工方向等信息的。

控制系统根据这些指令，正确选择偏差公式，进行偏差计算，控制工作台的进给方向，从而实现机床的自动化加工。

加工指令分为直线 L 与圆弧 R 两大类共 12 种，指明加工直线或圆弧的类型。直线按走向和终点所在象限分为 L1、L2、L3、L4 四种；圆弧按走向分为 SR（顺时针圆弧）和 NR（逆时针圆弧）两大类，再按圆弧起点所在象限分为 SR1 ~ SR4 和 NR1 ~ NR4，其中，SR1 为圆弧起点在第一象限的顺时针圆弧；NR1 为圆弧起点在第一象限的逆时针圆弧。

3. ISO 格式

线切割加工常用的 ISO 代码与其它数控机床的 ISO 代码基本相同，以北京迪蒙卡特线切割机床为例，其基本编程指令如表 16-1 所示。

表 16 - 1　ISO 编程基本代码表

代码	功能	代码	功能
G50	取消锥度倾斜	M84	恢复脉冲放电
G51	电极丝向左锥度倾斜	M85	切断脉冲放电
G52	电极丝向右锥度倾斜		
T84	液压泵打开		
T86	液压泵关闭		

例：分别用 3B 代码和 ISO 代码编写下图的加工程序（暂不考虑补偿）。
加工方向：A→B→C→D→E→F

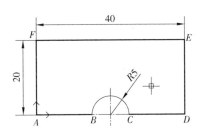

3B 代码：

B15000B0B15000GXL1；

B5000B0B10000GYSR2；

B15000B0B15000GXL1；

B0B20000B20000GYL2；

B40000B0B40000GXL3；

B20000B0B20000GYL4.

ISO 代码：

0001；

N10 T84 T86 G90 G92 X0 Y0；

N15 G01 X15 Y0；

N20 G02 X25 Y0 I5 J0；

N25 G01 X40 Y20；

N30 G01 X0 Y20；

N35 G01 X0 Y0；

N40 T85 T87 M02

16.3.2　编程方法

编程方法一般分为：手工编程与自动编程。

1. 手工编程

零件图形较简单时，可直接在计算机上按照程序规定的格式手工输入程序。因线切割加工程序一般较短，采用手工编程既可省去画图的工作，亦可方便理解编程过程中的计算与编程原理。

2. 自动编程

零件图形复杂时，自动编程根据编程信息的输入与计算机的处理方式不同，分为以自动编程语言为基础的自动编程方法和以计算机绘图为基础的自动编程方法。以语言为基础的自动编程方法，在编程时编程人员是依据所用数控语言的编程手册以及零件图样，以语言的形式表达出加工的全部内容，然后把这些内容输入到计算机中进行处理，制作出可以直接用于数控机床的NC加工程序。以计算机绘图为基础的自动编程方法，编程人员先用自动编程软件的CAD功能，构建出几何图形，然后利用CAM功能，设置好几何参数，最后制作出NC加工程序。

3. 电火花数控线切割加工自动编程的过程

1）使用自动编程软件，先将要切割的轮廓图形绘制出来（大部分工件的轮廓均是由点、直线、圆弧构成的，在其上可定出交点、交切圆等，有些轮廓包括非圆曲线，如双曲线、抛物线等。也可以通过AutoCAD、CAXA、Solidworks、PRO/E、UG等软件将设计的几何信息保存为DXF文件）。

2）几何图形绘制完成后，转入后处理工作，确定起割点、进刀点、切割方向、偏移量等与加工路径相关的元素（也就是确定合理的加工路径）。

3）利用自动编程系统来生成机床能识别的数控程序。可以根据需要对自动编程产生的程序做一些修改，如重新调整偏移量的大小等。

16.4 电火花线切割的基本操作

16.4.1 绘制直齿圆柱齿轮图形

直齿圆柱齿轮零件图如图16-4所示。

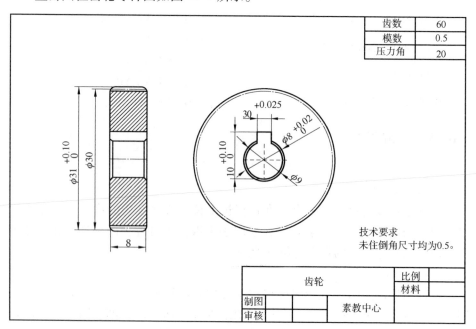

图16-4 直尺圆柱齿轮零件图

1）启动 CAXA 线切割，系统主界面如图 16-5 所示。

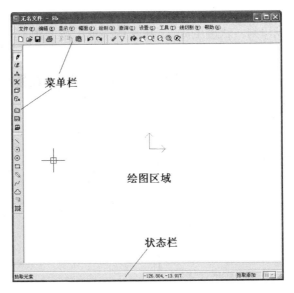

图 16-5　CAXA 线切割系统主界面

2）选择"绘制—高级曲线—齿轮"，根据系统提示设置如下，输入齿数、模数等参数，齿形出现后再将齿轮中间的孔按照图样尺寸绘制，如图 16-6 所示。

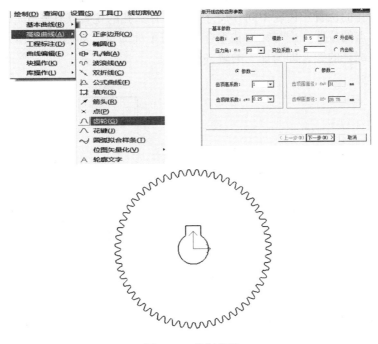

图 16-6　绘制齿轮

■16.4.2 生成加工轨迹

1）单击"线切割—轨迹生成"，在参数菜单中按照图16-7所示参数进行设置。

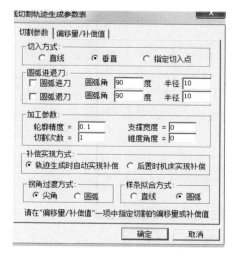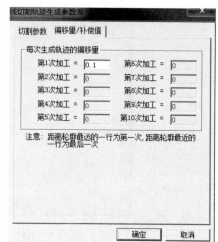

图16-7　参数设置

2）补偿方向及生成加工轨迹：

穿丝孔的位置：齿轮中间孔尺寸较小，穿丝孔的位置就在此孔心。

退出点的位置：应与穿丝孔重合，按回车键即可，如图16-8所示，此时生成一条绿色的线，即为加工的轨迹线。

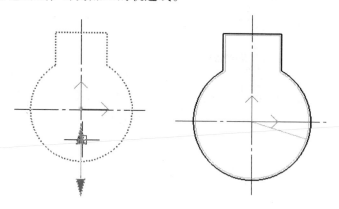

图16-8　补偿方向及轨迹生成

■16.4.3　生成 G 代码

1）在菜单工具栏点开"线切割"，单击"生成 G 代码"，输入文件名

（不能输入中文）保存，如图 16-9 所示。

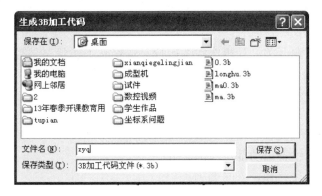

图 16-9　输入文件名

2）用鼠标左键拾取绿色的轨迹线，再按鼠标右键或回车键生成 G 代码，如图 16-10 所示。

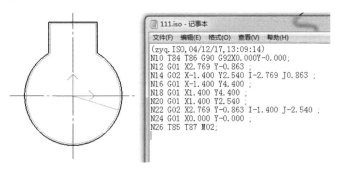

图 16-10　自动生成 G 代码

3）按上述方法生成齿形的加工 G 代码，如图 16-11 所示。

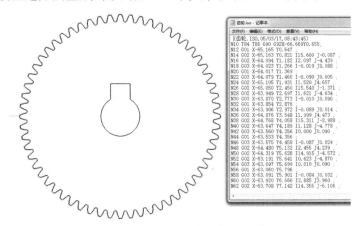

图 16-11　自动生成的齿形加工 G 代码

■16.4.4　机床加工（以北京迪蒙卡特线切割机床为例）

1. 准备工作

1）启动电源开关，让机床空载运行，观察其工作状态是否正常，机床必须正常运行 10min 以上。

2）机床各部件运动应正常工作。

3）脉冲电源和机床电器工作无失误。

4）各行程开关触点动作灵敏。

5）按要求给各运动部位注油润滑。

6）预加工穿丝孔，去除毛刺。

2. 操作步骤

1）将电极丝的一端从工件上的小孔穿出后固定在储丝筒上。注意：电极丝与工件不得接触，以免造成短路而不能放电。

2）穿丝孔中心定位：单击控制系统面板上加工准备中"找中心"→"孔中心"→"执行找中心"，机床就会自动找到孔的中心了，如图 16-12a 所示。

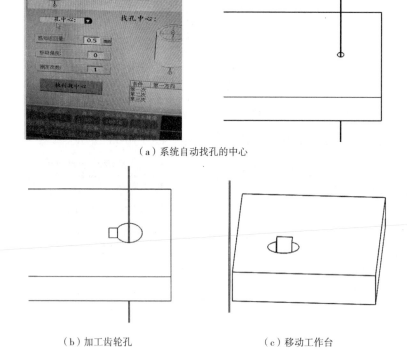

（a）系统自动找孔的中心

（b）加工齿轮孔　　　　　　　　　　（c）移动工作台

图 16-12　齿轮线切割操作步骤

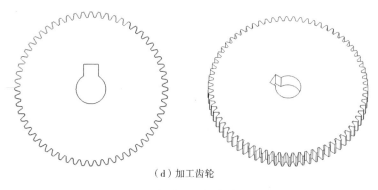

（d）加工齿轮

图 16-12　齿轮线切割操作步骤（续）

3）开始切割：根据材料的厚度设置加工参数，如电流、脉冲宽度和脉冲间隔。然后点"开始加工"，如图 16-12b 所示。

4）齿轮中间的孔切割完后，将电极丝一端拆下。在系统面板上选择"移动"，在 X 坐标轴输入移动的距离为 –17，单击移动，如图 16-12c 所示。把电极丝装好后，单击"开始加工"即可，如图 16-12d 所示。

5）加工结束后，将工件卸下，擦洗机床并关机。

 **思考题**

1. 电火花线切割加工的原理是什么？
2. 工件的尺寸精度如何保证？
3. 用钼丝切割铝件时，为何导电块容易磨损？
4. 如何预防工件在加工过程中的变形？
5. 电极丝的垂直度如何矫正？
6. 造成断丝的原因有哪些？
7. 线切割加工适用于什么场合？
8. 工作液起什么作用？
9. 电流越大，是否加工速度越快？

参 考 文 献

［1］蔡杏山.电工技术［M］.北京：人民邮电出版社，2012.

［2］李岚.电力拖动与控制［M］.北京：机械工业出版社，2011.

［3］流耕.当代电工室内电气配线与布线［M］.北京：机械工业出版社，2012.

［4］王建，廖辉.精通电工安装技能［M］.北京：中国电力出版社，2014.

［5］王建花.电子工艺实习［M］.北京：清华大学出版社，2010.

［6］赵洪亮，等.电子工艺与实训教程［M］.青岛：中国石油大学出版社，2010.

［7］姚有峰.电子工艺实习教程［M］.合肥：中国科学技术大学出版社，2008.

［8］刘建华，等.电子工艺技术［M］.北京：科学出版社，2009.

［9］周学君.计算机基础教程［M］.3版.武汉：华中科技大学出版社，2011.

［10］唐永华，刘鹏.计算机基础［M］.北京：清华大学出版社，2016.

［11］王中生.计算机组装与维护［M］.3版.北京：清华大学出版社，2015.

［12］刘瑞新.计算机组装、维护与维修教程［M］.2版.北京：机械工业出版社，2016.

［13］丁俊，陈世保.计算机操作系统安装与维护［M］.成都：西南交通大学出版社，2016.

［14］朱丽军，薛国芳.车工实训与技能考核训练教程［M］.北京：机械工业出版社，2008.

［15］张世龙.机械制造基础实训教程——车工（技师）［M］.北京：清华大学出版社，2015.

［16］高登峰，刘刚主.车工工艺与技能实训［M］.西安：西北大学出版社，2008.

［17］社会保障部职业技能鉴定中心.车工（中级）国家题库技能实训指导手册［M］.北京：兵器工业出版社，2011.

［18］邱峰.铣刨磨实用加工技术［M］.哈尔滨：哈尔滨工业大学出版社，2009.

［19］吕罗旺.大学生安全教育知识读本［M］.西安：西北农林科技大学出版社，2002.

［20］杨军.大学生安全教育知识读本［M］.北京：北京师范大学出版社，2007.

［21］庄雷.大学生安全教育［M］.北京：科学出版社，2009.

［22］高职高专规划新教材编审委员会.大学生安全教育读本［M］.长春：吉林大学出版社，2010.

［23］王先逵.机械装配工艺［M］.北京：机械工业出版社，2010.

［24］廖念钊，古莹菴，等.互换性与技术测量［M］.6版.北京：中国质检出版社，2012.

［25］成大先.机械设计手册［M］.4版.北京：化学工业出版社，2002.

［26］李红强.胶粘原理、技术及应用［M］.广州：华南理工大学出版社，2014.

［27］陈刚，刘新灵.钳工基础［M］.北京：化学工业出版社，2014.

［28］逯萍.钳工工艺学［M］.北京：机械工业出版社，2008.

［29］周忠友，朱景建.汽车发动机拆装与检修［M］.北京：机械工业出版

社，2014.

［30］高寒，姜晓．发动机原理［M］．北京：北京交通大学出版社，2007.

［31］余志生，等．汽车理论［M］．北京：机械工业出版社，2009.

［32］陈家瑞，等．汽车构造［M］．北京：机械工业出版社，2009.

［33］梁晓静．木工实用技术手册．武汉：华中科技大学出版社，2011.

［34］路玉章．木工雕刻技术与传统雕刻图谱［M］．北京：中国建筑工业出版社，2001.

［35］颜永年，单忠德．快速成型与铸造技术［M］．北京：机械工业出版社，2004.

［36］韩霞，杨恩源．快速原型技术与应用［M］．北京：机械工业出版社，2012.

［37］王广春，赵国群．快速成型与快速模具制造技术及应用［M］．北京：机械工业出版社，2003.

［38］刘伟军．快速成型技术及应用［M］．北京：机械工业出版社，2005.

［39］刘尊洪．数控编程与操作基础［M］．武汉：武汉华中数控股份有限公司，2003.

［40］张学仁，王笑香，高云峰．数控电火花线切割加工［M］．沈阳：辽宁科学技术出版社，2013.

［41］伍端阳，梁庆．数控电火花线切割加工实用教程［M］．北京：化学工业出版社，2015.

［42］郭洁民．模具电火花线切割技术问答［M］．北京：化学工业出版社，2009.